纪念七题

当代殡葬空间设计实践与思考

Seven Themes on Commemoration

Design Practice and Reflection of Contemporary Funeral and Interment Space

朱雷　著

国家自然科学基金项目（编号 51578125），江苏高校优势学科建设工程　共同资助

引子：纪念性可以有新的含义

“只有很小的一部分建筑归属于艺术：坟墓和纪念碑。”[1]

纪念性是人类社会演变和文明传承中的一个经久话题，也是经典建筑学的核心问题。

当代，纪念性的讨论回归到普通公众，落到每一个的个体身上，重新思考和面对死亡这一注定无法回避的问题。

在现代社会，死亡已不仅是个体或家庭的内部事务，它被纳入公共管理和服务体系。在中国当代城乡快速发展的背景下，需要应对土地稀缺和人口更迭的压力，还要协调选址与周边环境的矛盾关系，成为公共社会所要解决或面对的一个难题。在它被功能性地“解决”之外，还有可能重塑这个社会的公共记忆与文化吗？这或许是讨论当代纪念性问题的一个最重要的契机。

从政府层面上看，殡葬是一种公共服务设施。而对于公众，仍保留了较多传统的影响，一般总希望要隆重，要有纪念性。而这些隆重和纪念性，很多是架构在传统的价值观之上的。面向当代和未来社会发展，可以引导公众的是：纪念性可以有新的含义。殡葬建筑是要做成像过去的帝王将相陵墓那样，还是可以更加平民化或更具有公共性？这面临价值观的判断和重新选择。如何做一个为大众服务而又具有纪念性的建筑，是否可以有对纪念性的新的表达[2]？

这样的讨论也提供了一个机会，不断回归和追问这一经典建筑学的核心问题。当代的建筑学还在多大程度上需要讨论纪念性？或者说，是什么样的纪念性？日常生活和纪念性的讨论相关吗？如果有关联，是什么关联？又如何看待和表达这种关联？

对此，本书所列举的七个案例，来自近十年（2010年以来）持续有关殡葬设施的设计实践与思考，期望以此抛砖引玉，从不同角度引出相关问题讨论。这种讨论，尽管不止于此，但都离不开当代社会环境的具体状况，并且首先面对的是现实环境的物质性和功能性问题。对此，各个案例都会从回应现实需求和场地状况出发，再由此展开不同的主题。

讨论首先从“借山取势”开始，以此在基本建筑形体与地形地势之间建立联系，回应相关文化传统，恢复自然与人造物共构的纪念性主题；与此相对的另一种传统，则是“田园与乡土的回归”，由此展开两种纪念性的讨论：前者垂直向上、坚实、永久并对抗重力，后者则水平低徊、婉转，消融于日常和自然之中。“内省之庭”转而关注殡葬空间内部，适当隔离或过渡周边环境；“雁行式”则是另一种转折过渡的方式，并由此重新转向对水平性的讨论；“彼岸之岛”则展现了可望而不可触及的空间深度，重新界定了生与死、彼与此、远与近。最后，“集合的个体”与“复合的多元”都是面对当代公共性殡葬空间的思考，重点讨论作为社会服务的公益性设施，所面对的容量与密度、集体与个体、公共与私密、开放与封闭、大与小、单一与复合等基本问题，以探寻更高容量和效率下，面向大众的纪念性表达及人文关怀。

目录

1. 借山取势

山在那里

大自然的变形

大地的隆起，抵抗重力

——

“托体同山阿”

南京南郊多山，江南丘陵地貌，素有帝王陵寝及各类墓园。

新殡仪馆选址于西南郊岱山余脉，亦多自然地形和山丘起伏，隔离市区喧哗。

基地北、东、西三侧环有山岭小丘，与周边其他城郊建成区相隔；内部有高压线穿过；西北侧与已有的西天寺墓园相邻；南侧有高铁和主要外部城市道路经过，再往南则远眺南郊牛首山风景胜地。

借山取势与“地景式风格”

由此展开的设计问题首先来自外部环境：如何处理相对复杂的山地地形和外部设施条件？是规避，还是拆移？可否与建筑体量及外部场地设计结合？如果可以，在何种程度上结合，才能既符合内部功能需求，又表达出殡葬文化的特有含义？

从内部功能看，当代公共性的殡葬空间具有非常严格的使用流程和分区要求：首先需要区分生者和逝者的流线，前者为公共聚集和悼念区，需要开敞、流通，并符合一系列礼仪流程；后者为内部接受处理和生产区，需要相对隐蔽、集中且避免污染扩散。

相较于上述功能和物质性的需求，殡葬空间的另一个重要议题则是它的纪念性表达。对此，设计之初，建设方和管理方多次提出建筑“风格”的问题，并列举古今中外各种样式，要求设计方做出选择或解答。

对此，设计方提出“地景式”的策略，不去选择模仿已有的历史样式，而是回归基本建筑语言，以尽量简洁、清晰和明确的形体和空间关系，将建筑介入地形，也将地形引入建筑。借助地形特质的分化，安置相应的功能模块。由此，一方面结合地形高差，减少土方工程；另一方面则借山取势，回应殡葬文化传统，体现精神内涵。

台一桥一环：“地景式风格”与“命名”

在“地景式”策略下，解读地形地势的不同特征并加以强化，匹配安置不同的建筑体量和功能模块，以此将“基本形体、使用功能、地形地势”三者结合，分别对应“形一义一势”这三个方面，由此结合，产生出特定的名称和含义，最终形成下述“台一桥一环”三段空间序列（图 1-1）。

图 1-1 方案总体构思

(1) 悼念台（图 1-2）：面向外部道路，衔接两侧山脚，起“悼念台”。主要布置大、中、小各类悼念厅，台下和台后藏有部分生产服务功能。悼念台整体平面呈环形发散，台前留出休息廊和悼念广场，可供大量人流集散；广场东侧布置有开敞的业务厅，与悼念台相连。登台而上，可望后方的守灵桥、纪念环和自然峰巅。

图 1-2 从接待厅望悼念台

(2)“守灵桥”(图 1-3)：架于中间山谷之上，接于两翼山腰之间，设“守灵桥”；主要布置为守灵间。桥下两侧架空，留出景观绿化及人行和车行交通。桥后为等灰区，再往后经道路相隔，局部掩于主峰之下，安置火化生产部分。从中部门厅上到守灵桥，前观守灵广场和悼念台，后瞻纪念环及自然山体。

图 1-3 守灵桥（陈颢 拍摄）

(3) 纪念环(图 1-4)：环于后部主峰之周，留出自然山巅，成“纪念环”。主要为骨灰堂。骨灰堂下部结构接于山体，呈放射状，引导人流拾级而上，并于外侧形成大小不同的扇形存放区和接待区；骨灰堂上层为环形结构，架于下部结构之上，外圈纳屋顶天光而入。整个纪念环内侧依山而设，呈台阶状，上下连通，背靠山体部分预留为纪念墙（相关部门已在此安置城市英烈墙）。

图 1-4 从西天寺墓园望纪念环

由此，建筑沿三面环山之地形纵向伸展，以不同的方式解读地形地势，匹配功能体量，借山取势，以现代方式回应中国殡葬文化的传统，凸显“以山为寝”的场地形势和空间含义。

发展与回应：扩展的借势、理形与接地

事实上，山地地形往往成为城市新建殡仪设施用地的首选。从实用性角度看，选取山地地形既利于隔离周边环境，又可利用闲置土地资源——比如利用不宜进行高密度建设的荒坡废地等。这也给殡葬空间设计和建造带来了难度和挑战。而从纪念性角度看，这一难度和挑战正可转化为独特的空间和场地特质，探讨如何因借山势，结合地形地势，以及由此整理空间形态，并强化接地性表达。

对此，后续的罐子山墓园（南京殡仪馆搬迁项目二期工程）设计从更大尺度的周边山水环境和殡葬设施关联整合出发，在总体布局上发展了扩展的借势：沿环谷形的用地设置一系列月形水池，以此连贯南北水系，并借取高低七座丘陵山势，以背山面水之势整合远近七处殡葬设施，提出“七星伴月”的总体格局（图 7–1）。在场地内部，则根据地形坡度的婉转起伏，重点探讨了借势与理形，分化和整理不同的地块，围绕环谷地形和生态廊道，以经典构图点画山水形势，形成“双叶七花”的园中园格局（图 7–2）。

在相对较缓的坡地丘陵地形中，建筑接地最常见的方法是台地式。根据地形标高，结合建筑功能，将场地地形处理为若干不同标高的广场和平台，并与建筑相接。在下述南京回民殡仪馆、江宁殡仪馆、秦皇岛殡仪馆、二龙山纪念堂、团子山纪念堂等项目中，均采取了这种方式。

其中二龙山纪念堂项目设计中，在建筑与平台交接处，局部加入半高的花台，进一步分化地形，并与建筑立面划分及虚实开洞等高低错落关系结合，强化水平层的跌落，并建立起与下一个层次的建筑构件的联系（图 6–2）。

在团子山纪念堂项目中，保留利用并重新整理了从用地中间穿过的上山路径，形成层叠的台地，左右错动，分别布置大小骨灰间和各类开放式的服务设施，既连续呼应了两侧的坡地墓园，又在中间留出开敞台阶，抵达山顶的亭子。层叠的平台与上部的借景结合，在垂直方向保留并强化了原有的轴线，又以不断叠加的水平线及两侧不断错动的格局消解了过于严整的对称性；最终在垂直方向凸显了纪念性，在水平方向则适当消解并融合于整体丘陵墓园环境（图 1–5）。前述罐子山墓园纪念廊的设置，位于西坡小墓园（园中园）与公共景观带相接处。由此，西侧衔接较高的地形，上部屋顶连续草坡花池，成地景式的状态与小墓园相接；

东侧则对下部公共景观开敞。纪念廊的结构设计为连续交错的半拱形：半向东侧下降，表达西侧地形连续下接；半向东侧敞开，表达对东侧景观的悬挑和开放性。纪念廊内侧靠山体处布置为壁葬格位，局部透空撒入光线，雨水则顺壁面流下并从地面沟槽和卵石中渗过，贴地流入东侧自然景观花池（图 7-3）。

图 1-5：团子山纪念堂

附：南京殡仪馆搬迁项目设计[3]

建设地点：南京市雨花区铁心桥街道大周路（西天寺墓园附近）

设计期间：2010—2012 年

方案设计：朱雷、龚恺 等

建筑设计：朱雷、齐昉、庞博、万邦伟、严希 等

项目负责：朱雷、齐昉

南京殡仪馆搬迁项目工程（又称“1231 工程”）被纳入南京市 2010 年“十大民生工程”。新殡仪馆占地约 20 公顷，建筑面积 5 万平方米（含骨灰纪念堂 1 万平方米）。新馆馆址位于南京市雨花台区铁心桥街道马家店村西天寺墓园以南，大周路（京沪高铁）以北，基地主要为丘陵地带，三面环山。

设计目标和策略

设计力图实现功能性和精神性的双重目标。应对特殊地形条件限制，采取“地景式”的设计策略，将建筑介入地形，也将地形引入建筑。借助地形的分化，安置功能模块，一方面结合自然生态，减少土方工程；另一方面则借山取势，提升精神内涵。

设计构思和功能布局

在上述目标和策略的引导下，最终形成“一条主线，三段序列”的总体格局。

“一条主线”沿三面环山之地形纵向伸展，借山取势，以现代建筑的基本体量介入地形地势关系，回应中国殡葬文化的传统，凸显“以山为寝”的场地形势和空间意境。

“三段序列”在主线上渐次展开，以呼应地形变化，满足功能需求：第一段序列面临外部道路，衔接两侧山脚，起“悼念台”；第二段序列架于中间山谷之上，接于两翼山腰之间，设“守灵桥”；第三段序列环于后部主峰之周，留出自然山巅，成“纪念环”。

（1）悼念台

悼念台位于轴线开端，临道路，沿山脚而起，主要布置大、中、小各类悼念厅，台下和台后藏有部分生产服务功能。悼念台整体平面呈环形发散，台前留出休息廊和悼念广场，可供大量人流集散；广场东侧布置有开敞的业务厅，与悼念台相连。登台而上，可望后方的守灵桥、纪念环和自然峰巅。

（2）守灵桥

过悼念台，即到守灵桥。此处建筑主体架于中间山谷之上，接于两翼山腰之间，故称“守灵桥”，主要布置为守灵间。桥下两侧架空，留出景观绿化及人行和车行交通。桥后为等灰区，再往后经道路相隔，局部掩于主峰之下，安置火化生产部分。从中部门厅上到守灵桥，前观守灵广场和悼念台，后瞻纪念环及自然山体，建筑壮美，环境静谧，涤荡心灵。

（3）纪念环

纪念环相对独立，位于主轴线尽端，环于自然峰巅之周，为骨灰堂。骨灰堂下部结构接于山体，呈放射状，引导人流拾级而上，并于外侧形成大小不同的扇形存放区和接待区；骨灰堂上层为环形结构，架于下部结构之上，外圈纳屋顶天光而入。整个纪念环内侧依山而设，呈台阶状，上下连通，背靠山

体部分预留为纪念墙（相关部门已在此安置城市英烈墙）。顺台梯而上，出骨灰堂，向外可望周匝全貌；环内则是自然山巅，依旧青松蔼蔼。

在主轴线下部和后部，结合地形和功能需要，适当安排生产区域，以高压线为界，分前后两块，由地下通道相连。其中火化区位于后部，处于整体地块的下风区，并利用西北侧的地形凹口形成排风道。

主轴线东侧，留出相对独立和安静的办公管理区域。

整体布局考虑到分区合理与远近期结合，在用地北侧、西侧和东南侧预留一定发展空间，保留功能拓展的潜力。

交通组织

本方案主入口设于南侧大周路，正对主轴线。主入口东侧保留大周路现有通往西天寺的入口和道路作为祭扫入口，以引导和区分不同的人流。主入口西侧另辟独立的工作入口，用于遗体运输。东侧规划道路拟设为办公管理区的单独入口。用地东北侧临近现有西天寺墓园，该用地同属南京市民政局殡葬管理处管理，经协商，拟增设专用祭扫通路，供西天寺墓园和本项目骨灰纪念堂使用。

各个入口的设置充分考虑利用现有周边条件，远近期结合，以使进出方便；各司其职，互不干扰。

馆内的车行交通组织形成网络和环路，连接上述各个入口，既区分不同的流线，又保留充分的弹性。主轴线东西两侧道路连成外环，为馆内主要的机动车通道，分别连接祭扫入口和工作入口，并与前部的主入口相互通达。中部守灵区一带与外环衔接又形成小的内环，作为 VIP 贵宾和应急通道。此外，骨灰纪念堂外侧及东侧办公管理区的交通组织均形成小的环路，与主环路相通。

沿主轴线上主要为人行流线，或为广场、平台，或为步行桥、道，满足不同的人流集散和引导需要。遗体通道隐于主轴线之下，尽量简短便捷，与一般人行流线分开（多位于其下方或后侧），既满足基本分流要求，同时亦具有多处弹性连接和扩展空间。

地面停车场，沿南侧道路而设，满足主入口和祭扫入口的停车需要。北侧骨灰纪念堂和东侧办公管理区，亦有各自的停车场。中部守灵区、工作区和贵宾入口处，设有少量地面临时停车。各停车场均通过上述环路相通，既相互独立，又可灵活调度。

景观设计

建造与景观相融是本方案的基本立意。结合上述“地景式“的设计策略，以山为主景；水为辅景；在山水之间，设置广场平台和道路桥梁，营造空间意境；组织和安排祭扫活动。

首先突出自然山体，三面环抱山体之主峰和两翼山脊均保留自然原貌，尽量不凿人工。在充分保留和利用山体的基础上，在中间山谷和前部广场东侧，引入部分水体，作为辅景，一方面映衬山体，营造气氛，另一方面也引导和分隔各类人流活动。

在山水之间，组织人们的活动和休憩，结合绿化布置，创造各类不同尺度和特征的小环境，包括公园、广场、平台、步道、桥梁等。沿主轴线展开，依次形成“主入口—悼念广场—悼念平台—守灵广场—送灵亭—纪念平台—纪念公园”等一系列景观节点，供不同功能使用，体现不同的纪念氛围。主轴线东侧，利用坡地绿化和水体，形成收放有致的不同景致，作为辅轴线，与主轴线相映衬，体现自然温馨的空间感受；并作为外部道路和内部环境的过渡。道路和停车场亦进行绿化布置，以共同营造山水园林式的自然温馨的景观环境。

技术经济指标

总用地（红线内）：193 614.5 平方米

总建筑面积：50 198.59 平方米（地上建筑面积 40 032.17 平方米，地下建筑面积 10 166.42 平方米）

业务接待区：2 850.58 平方米

悼念区：12 118.18 平方米

守灵、等灰区：4 743.8 平方米（含部分地下停车）

生产区：10 166.42 平方米

火化区：2 320 平方米

办公生活区：3 957.86 平方米

骨灰堂：11 687.64 平方米

其他附属用房：1 400 平方米

容积率：0.21

绿化率：48.5%

停车：510 辆

地面停车：422 辆（包括大巴 4 辆）

地下停车：88 辆（其中殡仪车辆 5 辆）

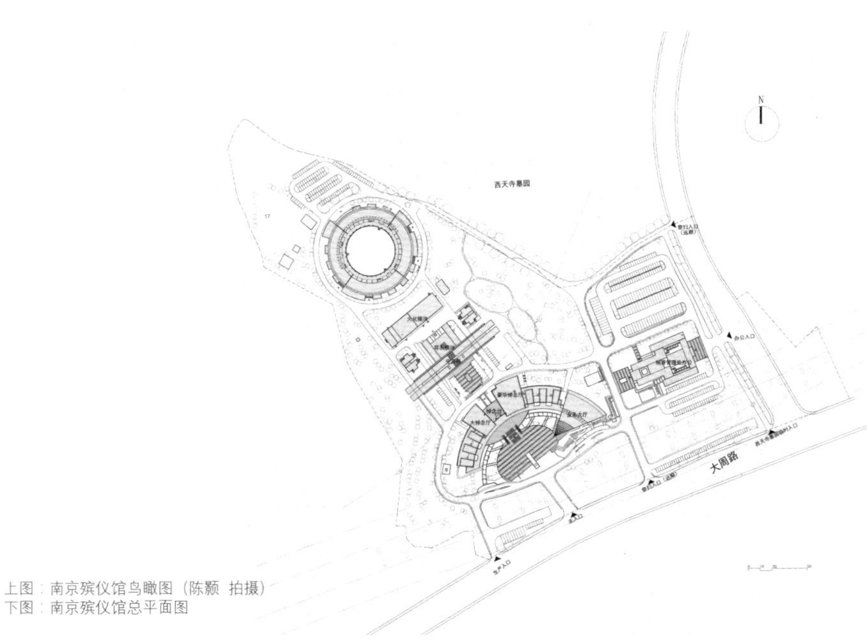

上图：南京殡仪馆鸟瞰图（陈颢 拍摄）
下图：南京殡仪馆总平面图

从西天寺墓园望纪念环

守灵桥室内

从接待厅望悼念台（钟宁 拍摄）

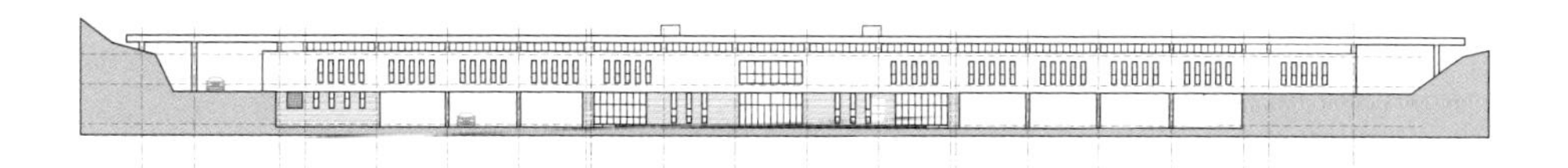

守灵桥南立面图

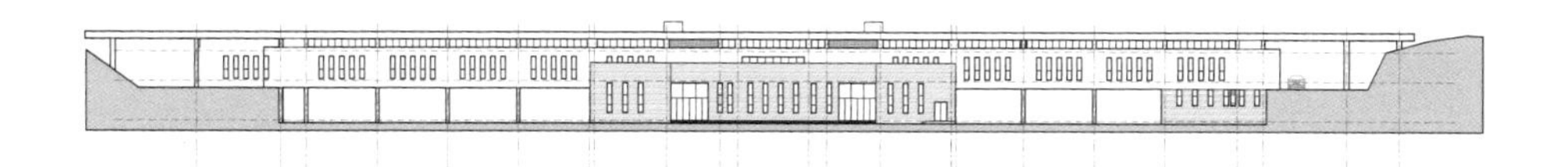

守灵桥北立面图

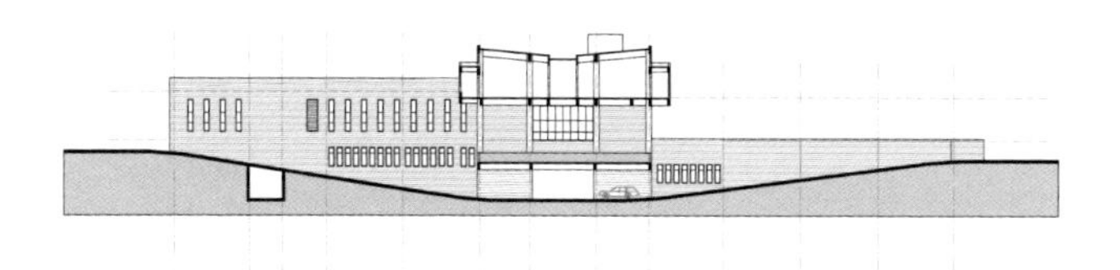

守灵桥剖面图

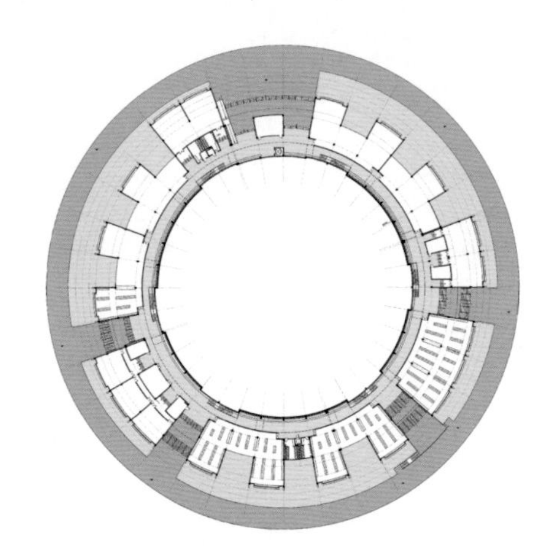

纪念环一层平面图

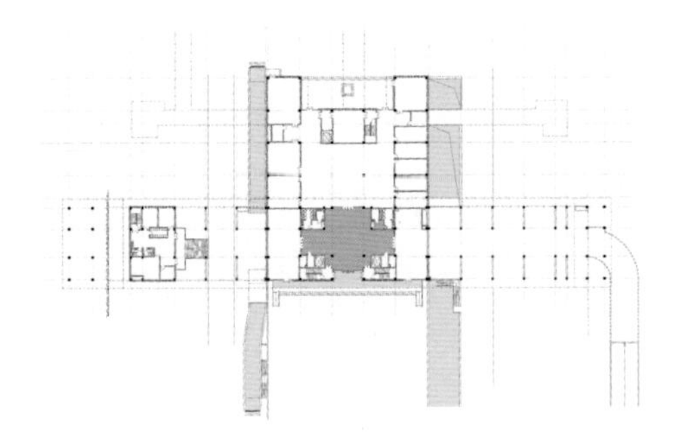

守灵桥一层平面图

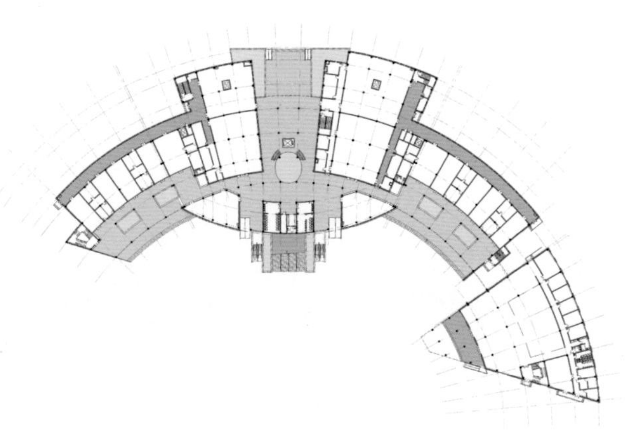

悼念台一层平面图

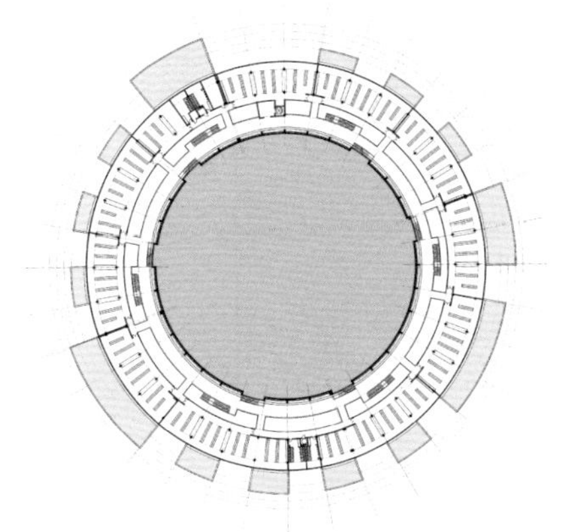
纪念环二层平面图

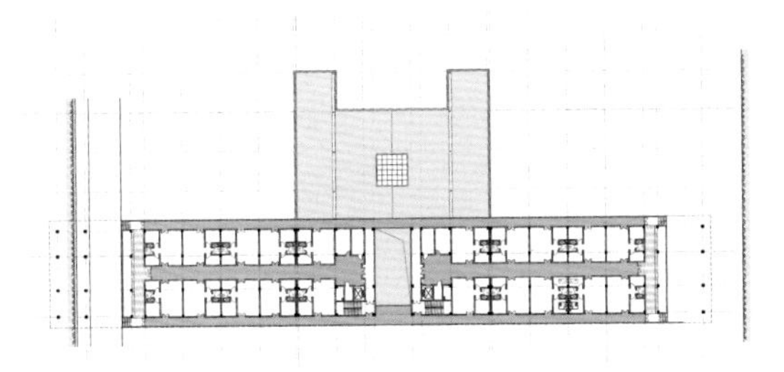
守灵桥二层平面图

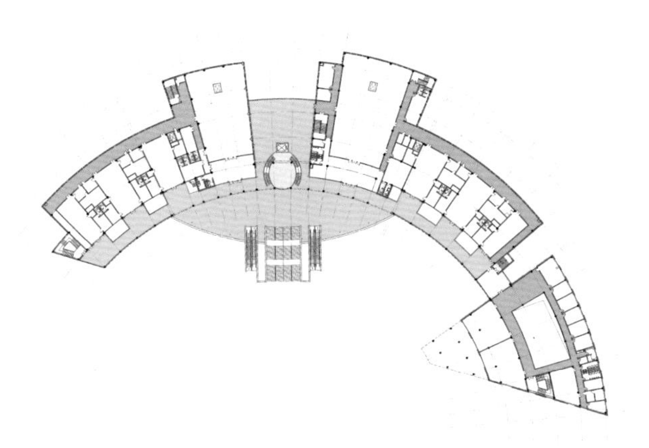
悼念台二层平面图

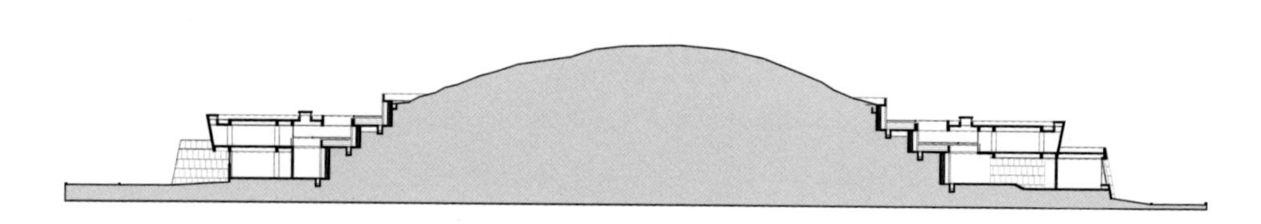

纪念环剖面图

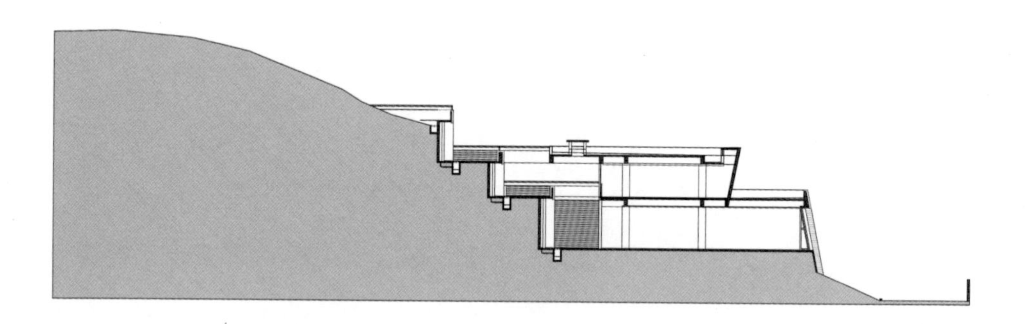

纪念环剖面放大图

上图：自悼念台望守灵桥
下图：纪念环

2. 田园与乡土的回归

归于尘土

河边、道旁与田间地头

乡土和田园

日常的公众的纪念

——

归去来兮

丰县位于苏北平原北端，黄淮下游，汉高祖刘邦的故里。境内多平原，水道纵横，土地肥沃，地形地势平坦。

新殡葬服务中心选址于远离县城的乡间，周边为农田，西、北两侧分别毗邻纵、横向之主次水道，用地低平。其中西侧河道与用地之间隆起为堤岸，兼作外部道路和基础设施。

西侧隆起的堤岸道路高于用地约 2.5~3 米，由此进入用地，下行抵达地面层，略向上行则可抵达建筑平台或基座层之上。

两种纪念性

呼应这种黄泛区下游冲积平原的地形环境，设计之初提出了两种不同类型的方案：一种可称为对称集中式、垂直向的方案，突出厚重的体量和垂直向上的形象，强化传统的纪念碑式表达（图 2-1、图 2-3）；另一种则为不对称分散式、

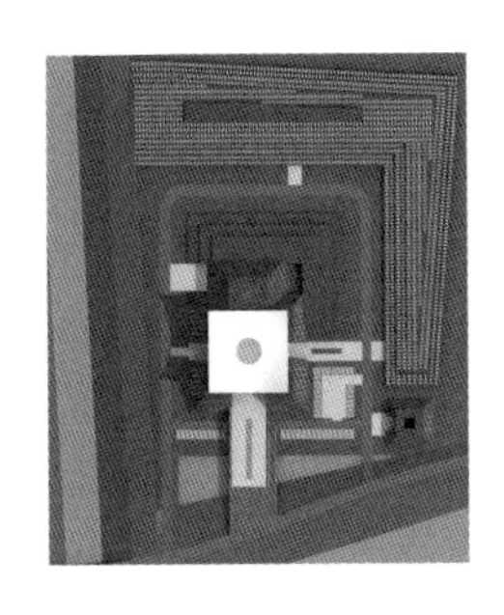

图 2-1 方案一总平面图

图 2-2 方案二总平面图

图 2-3 方案一 对称、集中、垂直向

图 2-4 方案二 不对称、分散、水平向

水平向的方案，利用地形将建筑整体处理为景观平台，让建筑消隐在环境中，远看基本上看不出是殡仪馆，其理想是成为某种景观花园，由此引向另一种轻盈、放松、更加贴切而自然的纪念性表达（图 2-2、图 2-4）。

在与当地政府部门的沟通中，一开始，如同常规思维所预想的那样，倾向于第一种方案，更凸显和强化外部形象。但经过一轮沟通说明，最终双方一致认可：在乡村环境中的公共性殡葬设施，应当避免传统纪念碑式过于沉重和突出的表达，而选取第二种更自然和消隐的方案，一方面，易于协调环境，避免对周边田园和乡村造成不必要的干扰和影响；另一方面，适当分散的平面式布局也利于在同一水平层上组织主要流线和功能用房，便于日常运行和管理。

乡土与田园景观

新方案将主要建筑体量处理为水平延展的平台，借助于高起的堤岸，礼仪入口直接接于平台之上，完全消解了主要体量，而成为景观花园，融于周围的田园之中。在平台花园之上，几处高起的礼厅上部采取尽量轻盈透明的方式，将光线引入下部空间。

公共和内部生产区的车行入口均在下部。主体人流活动也在下部平台之间穿行停留，配合大小形状各异的庭院，形成明亮肃静的内部礼仪场所。生产区相对隐蔽，工作人员也有良好的内部环境。

水平性与回归土地

与传统的纪念碑式的垂直性相对，丰县殡葬服务中心暗示了一种水平性延展，不再是对抗重力上升的形象，而是更平贴大地，融于周边的乡野和田园景观。这是对当代公共纪念空间的新的理解，而由此引发的水平性的讨论在其后的方案中将以不同方式继续展开。

发展与回应

在平原地形中，新的殡葬建筑是采取垂直对抗的姿态还是贴近土地的姿态。类似的问题在其后连云港新殡仪馆及墓园的设计中再次展现，并且后者的地势更加低平，且原为大片的鱼池水塘，设计方案最终选取了更具有水平性的波状延展的姿态，配合七个水中岛屿（主题墓区），突出展现云水相连、水天一色的悠远之意（图 5–1）。

由此展开有关水平性的讨论，则涉及更多项目和地形条件。在其后回民殡仪馆（图 3–1）和江宁殡仪馆（图 4–3）设计中，以近人尺度水平延展的曲折长廊与远观的垂直性的主建筑体量形成对照，以另一种方式展现了双重性的纪念表达。

附：丰县殡葬服务中心方案设计

建设地点：江苏省丰县

设计期间：2013 年

方案设计：朱雷、骆佳 等

丰县殡葬服务中心选址于远离县城的乡间，用地面积约 6.7 万平方米，拟建建筑面积约 1 万平方米。周边为农田，西、北两侧分别毗邻纵、横向之主次水道，用地低平。其中西侧河道与用地之间隆起为堤岸，兼作道路。

设计构思

借取地势，利用现有南侧道路与基地的高差，将建筑主要的体量处理为景观平台，依附于大地，建筑表现自然生态，并与周围的田园景观协调。

大部分生产和服务功能用房隐含在景观平台下，通过分散式自由的院落布局和体块错动，进行采光通风。

主要的悼念厅上部空间升出景观平台之上，为半透明的玻璃体量，为下部区域引入天光，建筑表现纯净透明，升华心灵。悼念厅布局呈现对称的轴线关系，主悼念厅与四周庭院呈现方圆几何的格局，以象征天地。布局呈现出内在的纪念性意义。

由此，建筑布局打破一般殡仪馆建筑的沉闷感，融合于周边环境，并表达出时代特征。总体格调纯净自然、又具有纪念性意义。

功能分区和流线组织

主要功能与建筑体量采取分散式与集中式相结合的布置策略。在景观平台的整体控制下，各个功能区相对散开，呈自由布局，中间留有庭院采光通风。悼念区位于中心偏东南侧；西南侧为办公及业务展示区；西侧为生产区；西北侧为火化区；东北侧为骨灰区及等灰区。

上述各功能区都有独立的出入口，内部相互关联的功能区则相互临近，便于联系。

生产区和服务用房尽量布局紧凑，缩短流线。悼念区及对外开放服务的区域则尽量布局宽敞。利于人员停留和疏散。

主要建筑功能均分布在底层，可实现同层连通，不需要加设电梯；并可实现人尸分流。

正南方为礼仪入口，连通外部道路和景观平台。礼仪入口两侧有临时停车区，往前延伸作为礼仪及 VIP 通道，可达主悼念区上部，并通过专设的楼梯进入下部休息区。礼仪入口西侧可达接待办公区；东侧沿道路下行可达下部主要的景观广场和悼念区。

东南侧为悼念入口，可达底层景观广场、悼念区及东北侧的等灰区。景观广场东侧布置有主要的停车场。停车场北侧为墓园区，有专用的入口和环路通达，相对独立。

西南侧为生产入口，往北依次可达办公区、生产区及火化区，并连通各个设备用房。

技术经济指标

总用地（红线内）：66 673 平方米

总建筑面积：10 040 平方米

容积率：0.15

绿化率：49%

停车：151 辆（包括大巴 23 辆）

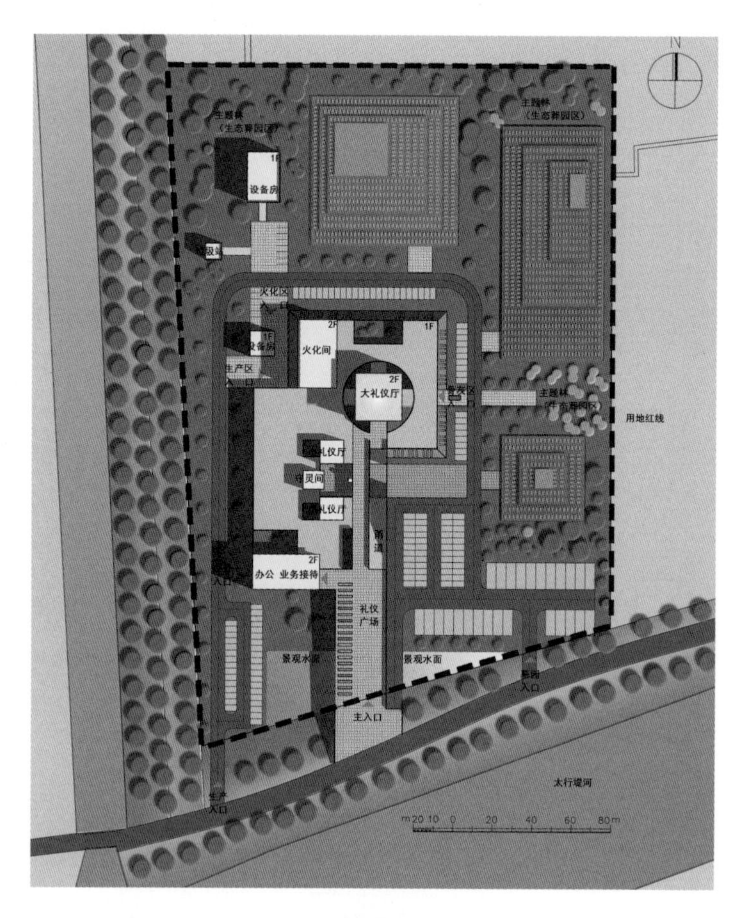
N
主题林
（生态葬园区）
1F
设备房
火化区
2F
1F
火化间
1F
设备房
生产区
2F
大礼仪厅
主题林
（生态葬园区）
用地红线
礼仪厅
守灵间
礼仪厅
2F
办公 业务接待
入口
礼仪
广场
景观水面
景观水面
入口
主入口
生产
入口
太行堤河
m20 10 0 20 40 60 80m

总平面图

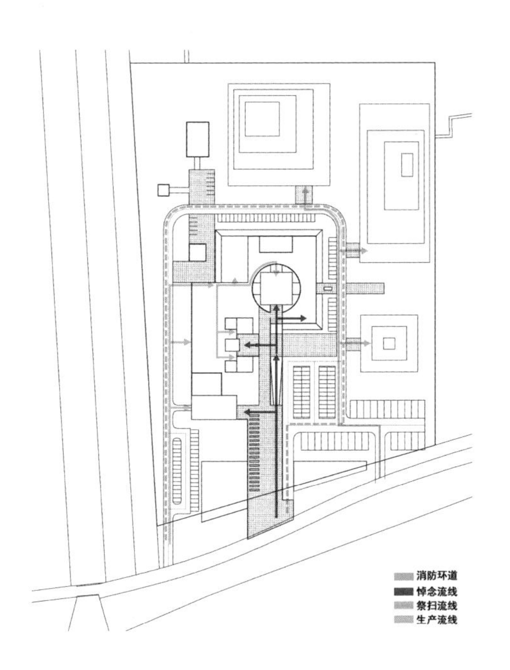

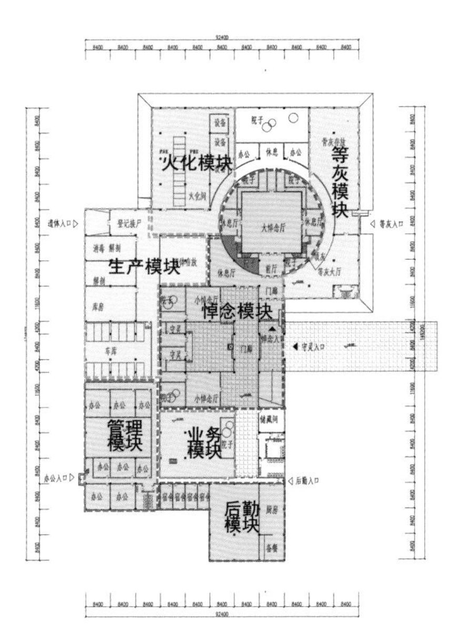

上图：流线分析
下图：功能分析

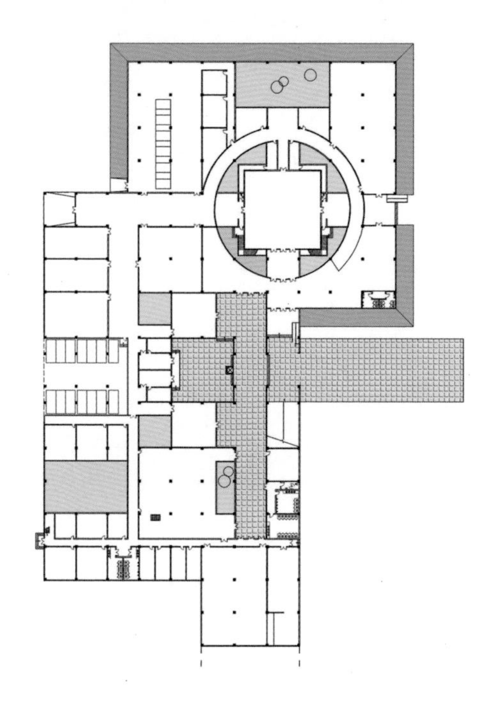

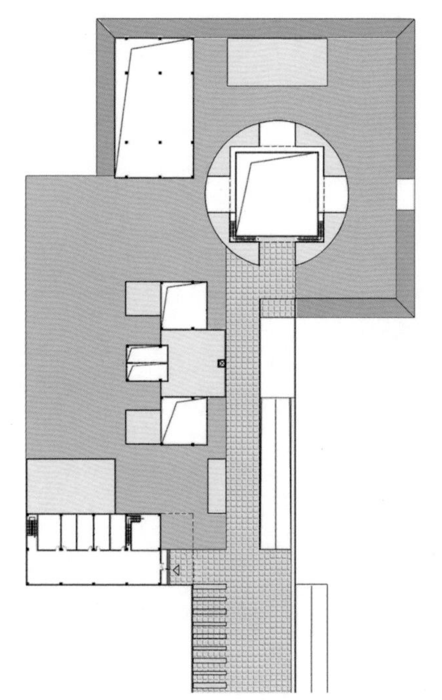

上图：一层平面图
下图：二层平面图

上图：主悼念厅透视图
下图：甬道透视图

从入口平台望悼念厅

集散广场
厨房
卫生间
甬道
门廊
前厅
大悼念厅
通道
休息
院子
13.500
9.000
4.500
±0.000
-0.450
0 5 10 15 20 25m

上图：鸟瞰图
下图：剖面图

3. 内省之庭

"通向天空的窗子"

内聚的世界

内与外

内聚与过渡

南京是中国东南沿海城市中回族等十个少数民族最为集中的城市之一。

新的回民殡仪馆选址经多次前期可行性分析和比较，最终落于雨花区铁心桥街道西天寺墓园旁新建的南京殡仪馆东侧。该处用地略有缓坡小丘，周边现有环境较为复杂：北接岱山余脉；南临京沪高铁和大周路，且有热力管线穿过；西侧与已建成的南京殡仪馆办公管理区隔路相对；往东隔一座小丘与新建雨花软件园相接。

“外融内律”

在上述相对复杂的外部环境条件下，殡仪馆设计一方面考虑一般公共服务设施的要求和回民殡葬礼仪的特点；另一方面则在总体上考虑协调周围环境，保留和利用东北侧已有丘陵山体，规避与周边其他设施的相互影响和干扰。由此，设计构思重点关注内部场地和空间塑造，设置多个层次的广场和庭院，创造静谧宜人且符合伊斯兰教仪轨要求的空间氛围，并以此过渡和协调外部环境，整体格局体现出中国回民建筑所具有的“外融内律”特征[4]。

根据伊斯兰教仪轨要求，主要礼仪空间应坐东朝西，朝向麦加方向。项目设计经过精确定位研究，确定了核心礼仪空间的方位朝向，引导人流进入[5]。该方位与周围现有道路房屋呈一定角度偏移，既凸显了礼仪空间，满足方位朝向，又形成错动和过渡，避免与周边已有建筑、桥梁、道路的不必要的关联影响和相互干扰（图 3–1）。

图 3-1 总平面图

内庭与边院

在各个相对独立的大小礼厅之前，设置内庭。内庭三面设墙，相对独立安静。内部地面以硬质和卵石铺地为主，不设绿化植物，空间处理力求纯净安详。

各礼厅内庭外侧通过公共连廊曲折相连，并可达业务接待厅。

曲折的连廊呼应了上述方位朝向的扭转错动，协调主要内部空间和外部边界及主入口朝向的偏转，形成折线式布局：既保留一定围合感，又兼顾主入口方向，并连接相互错动的各个礼厅，形成连续的公共流线，过渡了内庭和广场，同时也成全了各个礼仪空间的相对独立，避免一览无余的视线干扰和单调。连续转折的外廊也具有一种低平性，与相对高大的礼厅体量形成对比，过渡了尺度——而由此引起的关于折线形（雁行式）与水平性的讨论，将在接下来的案例中继续展开。

与此相应，各礼厅后部的工作廊道也形成折线，并与外部道路之间以墙体相隔。

在这些廊道、墙体和广场之间，渐次引入各类大小不一的边院。边院景观多配合植物配置，围墙亦局部镂空，与周围道路和环境过渡衔接。

发展与回应

庭院作为一种内聚的空间类型和模式，对探求公共与私密、内与外等当代公共性殡葬空间的关键问题，提供了一种基本解答。

在同期进行的二龙山骨灰纪念堂的方案中，也采取内庭院的方式，不止为了规避外部环境影响，形成内聚的精神性空间，也成为主要的光线和通风的来源（图 6-2）。同样的方式，在之后的江宁各街道的谷里、富贵山、官塘、淳化和东山纪念堂中也都有应用，这些纪念堂更贴近乡村和社区环境，因而采取了更多类型的庭院乃至园林式布局，包含了中庭、边院等多种类型。其中东山纪念堂因面积较大，且有地形高差，多个庭院穿插在建筑内部并结合周围一圈挡土墙和围墙的边院共同构成一系列外部空间环境，犹如一个“园”（图 3-2）。所不同的是：二龙山骨灰堂的庭院结合了入口门廊，是可进入的；而江宁各街道骨灰堂的内庭院（东山纪念堂除外）主要用于引入自然光线、通风和绿化，通常不涉足进入，且尺度较小，犹如包裹在骨灰间内部的一个明亮的透光体（图 3-3）。

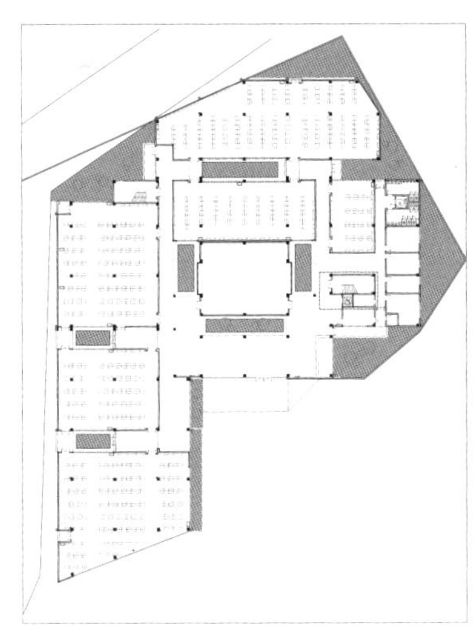

图 3-2 东山纪念堂一层平面图

图 3-3 谷里纪念堂内庭

附：南京回民殡葬馆设计

建设地点：南京市雨花区大周路

设计期间：2014—2016 年

方案设计：朱雷、马晓东、刘兆龙、董奕彤、熊子楠、王惠、顾兰雨 等

项目负责：朱雷、薛丰丰

建筑设计：朱雷、薛丰丰、熊子楠 等

南京市回民殡仪馆建设项目，位于南京市雨花台区铁心桥街道大周路岱山，西天寺殡仪馆东侧。项目总用地面积约 1.7 万平方米，红线内用地面积约 1.5 万平方米，总建筑面积约 5 000 平方米。

设计目标和原则

（1）结合一般公共服务设施的要求，满足回民殡葬礼仪流程

南京是东南沿海城市中回族等十个少数民族人口最为集中的城市之一。本项目规划建设结合一般公共服务设施的要求及回民殡葬礼仪的特殊性，充分考虑伊斯兰教仪轨进行规划分配，任务要求包括：殡仪服务用房、办公生活用房与辅助服务用房。其中殡仪服务用房应与办公生活用房分开设置。

根据回民殡葬服务内容和流程，本方案在仔细解读任务书设置的前提下，继续细化分区和流线，进一步区分对外的公共服务区与内部的工作区，保证各部分使用内容相互独立，合理分流生者与亡者，避免交叉干扰。

（2）协调周边环境，创造和谐安详的整体空间氛围

用地周边环境较为复杂：北接岱山余脉；南至京沪高铁和大周路，西侧是已建成的南京殡仪馆，并与殡葬管理处用房直接相对；东临雨花软件园。

在此条件下，总体布局致力于协调周围环境，保留和利用已有山体，规避与周边设施的相互影响和干扰；并在内部创造静谧宜人且符合伊斯兰教仪轨要求的空间氛围。

方案构思和功能布局

根据上述目标和原则，本方案构思围绕殡葬服务核心，协调周边环境，最终形成“外融内律”的整体格局，以及“礼仪接待区、工作区、办公生活区”三大功能区布局。

（1）明确方位朝向，融合庭园广场，形成“外融内律”的整体格局

根据伊斯兰教仪轨要求，主要礼仪空间应坐东朝西，朝向麦加。本项目组经过精确定位研究，确定了核心礼仪空间的方位朝向。

该方位与周围现有道路房屋呈一定角度偏移，既凸显了礼仪空间，满足方位朝向，又避免与周边邻近建筑、桥梁、道路的不必要影响和干扰。

其他附属服务设施以及廊道、墙体、庭院、广场等渐次与周围道路和环境衔接，配合整体景观，起到过渡和融合作用。

整体格局体现中国回民建筑所具有的“外融内律”特征。

（2）关注殡葬服务流程，结合自然地形，合理布局三大功能区

根据殡葬服务内容和流程，本方案仔细解读任务书设置，充分利用基地条件，保留中部偏东北侧

的自然山体，适当分隔出西侧占据主体的殡葬服务用房和东侧一小块办公生活用房，彼此相互独立，互不干扰。在此前提下，进一步区分殡葬服务用房中的礼仪接待区和工作区，确保对外的公共礼仪与内部的工作区域相互分隔，避免公共人流与内部工作人流的交叉。

a. 礼仪接待区：位于用地西南侧较为平坦处，包括业务接待厅，大、中、小礼厅以及守灵间等；该区域面向主要入口广场，各类用房通过廊道和庭园衔接过渡，形成丰富的空间层次。各类礼厅前设有大小不一的庭园，以聚散及舒缓人流，形成安适的内部环境。守灵间西侧也有庭院与工作区相隔，并在上层设休息间。

b. 工作区：位于用地西北侧，有单独的出入口，包括遗体清洗、家属休息、综合协作、遗骸存放等用房；东北角单设遗物焚烧处，避免对周边环境的影响。工作区内设庭院，改善内部环境。

c. 办公生活区：位于用地东南侧地势较为平坦处，相对独立，内设庭院。底层设有门厅、食堂、厨房、公共卫生间等；二层设有各类办公室、档案室、工作人员休息间等。

交通流线组织

主入口位于南侧大周路，下穿高铁线进入主广场。主广场东侧，设置停车场，便于交通组织和人流集散。

次入口位于西侧外部道路，为工作区入口，与主入口互不干扰。工作区下部设有地下车库，机动车位 10 个，停放殡仪车及部分工作车辆，其中殡葬专用车位 5 个，普通小型车位 5 个。

馆内的车行交通形成环路，连接主次入口。沿环路局部设有少量的临时停车位，连同上述主入口东侧停车场，基地内共设停车位 52 个，其中大巴车位 4 个，普通小型车位 48 个。

公共人流由主入口进入主广场，可达业务接待厅及各类礼厅，各部分用房由廊道和庭院衔接过渡，合理引导及疏散人流。主广场和廊道均为步行区域，与车行环路相隔，避免人车干扰。

亡者遗体由工作区入口进出。工作区内部流线紧凑，并设有亡人专用通道连接各类礼厅及守灵间，确保葬礼中途亡人不会遭受雨淋，且与公共流线互不干扰。

公共流线与工作流线之间局部相通，并设廊道和庭院过渡衔接，方便部分家属及礼仪工作人员（阿訇等）联络。

立面造型与景观设计

立面造型和庭院景观主要采取现代建筑的技术和材料，表达传统庭园空间的意境与氛围。在重点部位的礼仪性空间入口处，引入部分伊斯兰教风格元素。

主体建筑采用青砖饰面，与部分浅色涂料相配合，取得安静简约的效果。在廊道、庭院界面和建筑立面开窗设计上，局部采取青砖格子和镂空金属，与现代玻璃门窗及幕墙相配合，引入漫射性的光线，并在一定程度上规避视线干扰和炫光影响，营造静谧安详的空间氛围。

外部景观环境按照“室外园林化”的要求，一方面保留和利用自然山体绿化以分隔功能区域，另一方面则设计一系列广场、庭园和廊道，配合景观绿化，创造安静宜人的内部环境，并将主体建筑与周边场地融合。

技术经济指标

总用地（红线内）：14 675.6 平方米

总建筑面积：4 996 平方米

（地上建筑面积 4 345 平方米，地下建筑面积 651 平方米）

礼仪接待区：2 197 平方米

生产区：1 033 平方米

办公生活区：1 115 平方米

地下（车库及部分设备）： 651 平方米

容积率：0.30

绿化率：35%

停车：62 辆

地面停车：52 辆 （包括大巴 4 辆）

地下停车：10 辆 （其中殡仪车辆 5 辆）

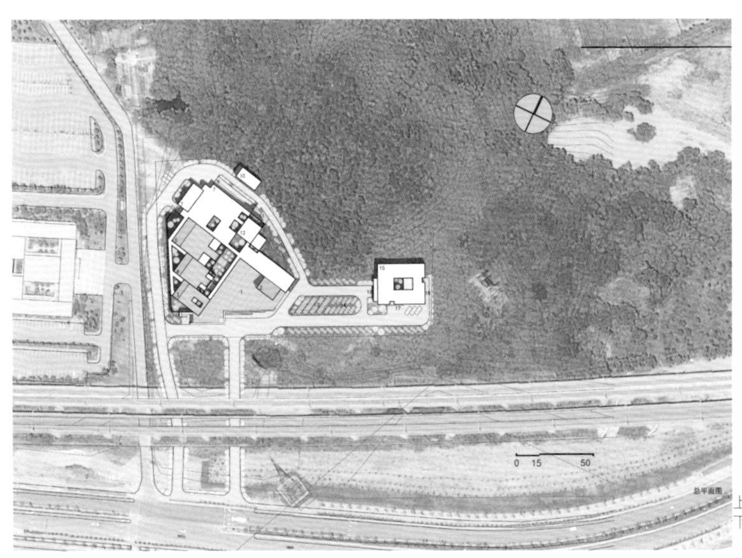

上图：鸟瞰图
下图：总平面图

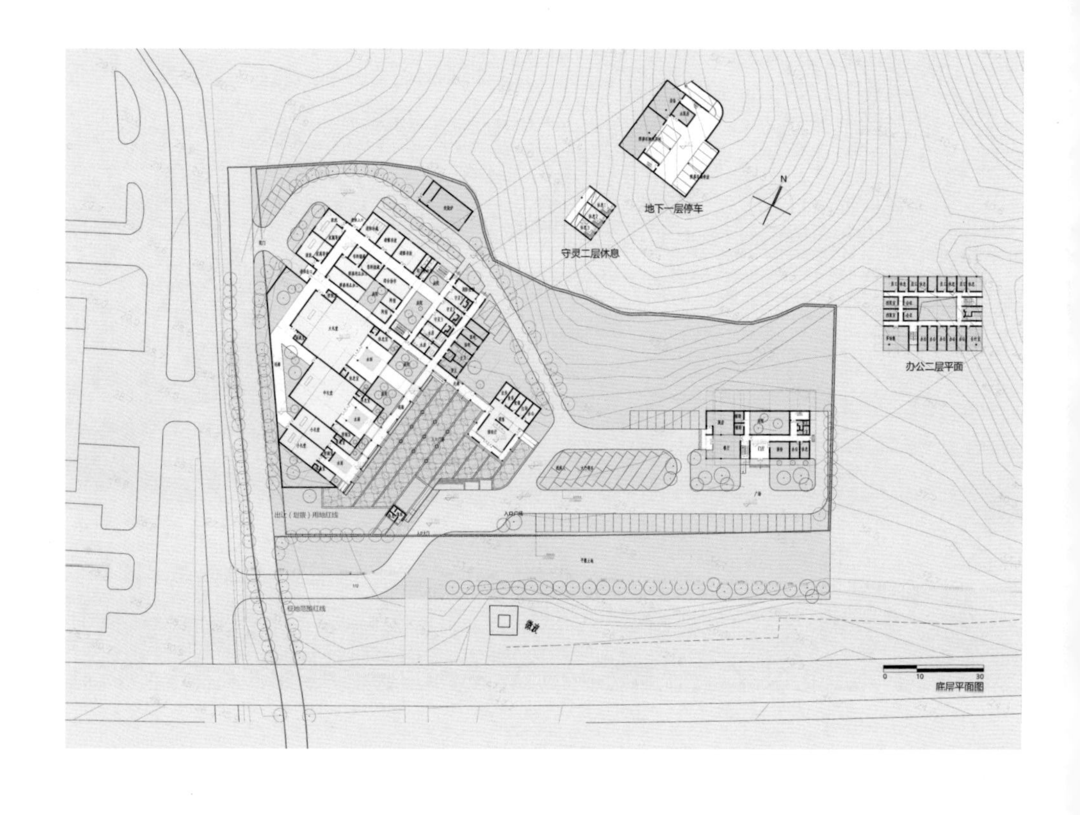

上图：回民殡葬馆平面图
下图：西南角度局部透视图

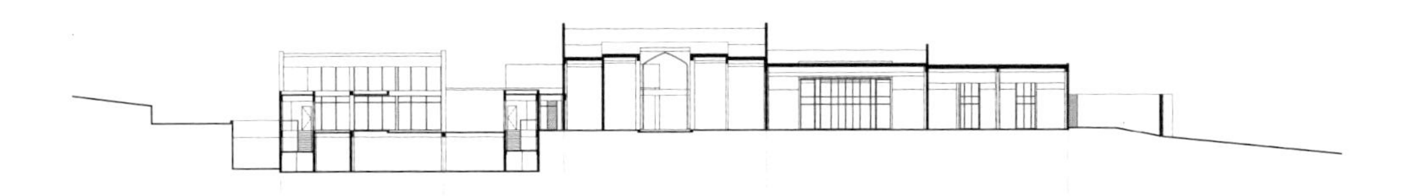

剖面图 1

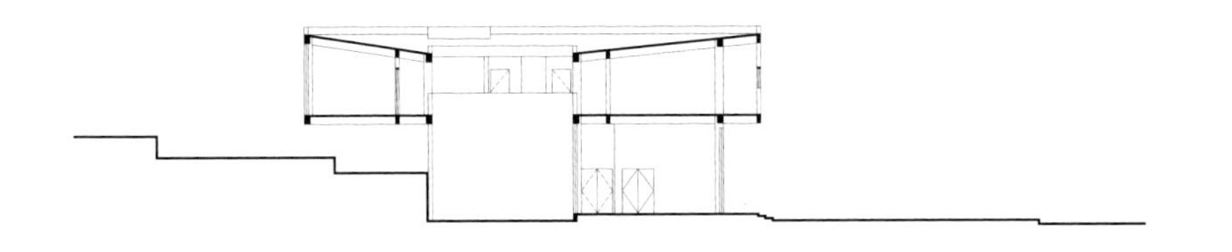

剖面图 2

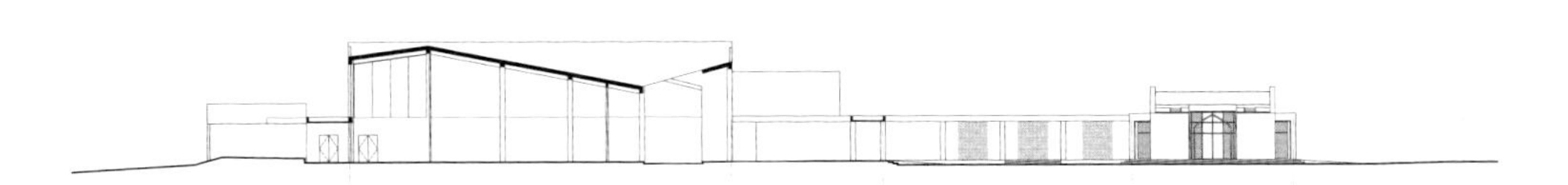

剖面图 3

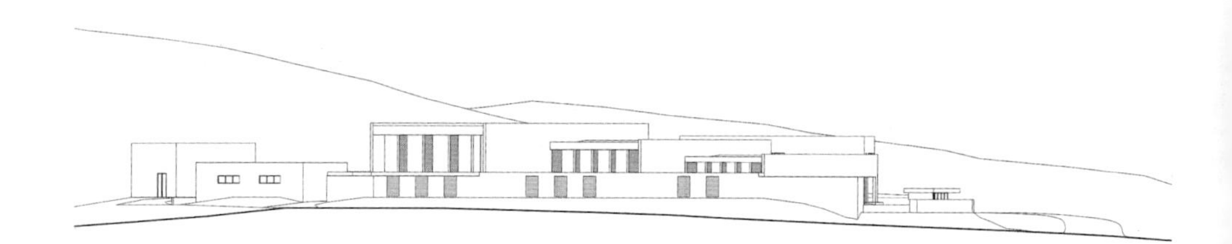

礼仪工作区西南立面图

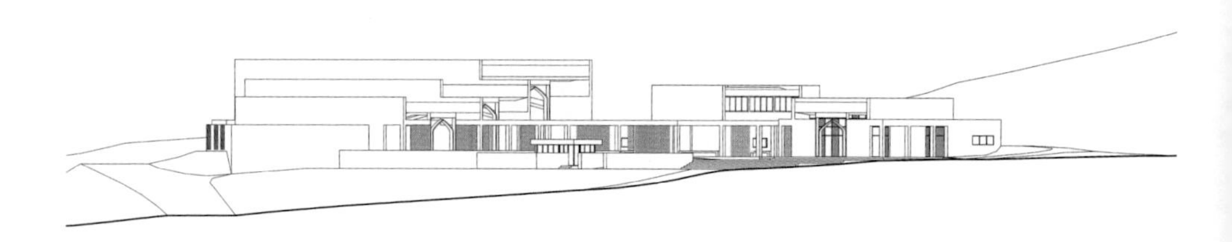

礼仪工作区东南立面图

上图：入口广场局部透视图
中左：内部庭院局部透视图
中右：礼堂外立面透视图
下图：东南角度局部透视图

4. 雁行式与水平性

无尽之廊

曲径并非通幽

拉长的水平性

路径与公共空间

江宁殡仪馆迁建方案初拟选址位于南京市江宁区青龙山南麓，黄龙埝水库西侧[6]。场地原为青龙山石灰岩矿开采宕口和废弃地，后经地质环境综合治理，现为空地，地貌类型属低山丘陵岗地和岗间坳沟，整个地块呈不规则形，南北纵深较大，展开面则较窄；东、西、北三面均为高地，地势较高，中部和南部地势较低。

错动叠落的群落布局

设计应对场地条件，依托地块与山体的走势，由场地西南往东北方向，建筑体量通过前后错位和上下叠落，并局部拉开空间，逐级布置功能区，沿用地走势展开，共分为三个主要区域：主馆区、守灵区及骨灰存放区，形成一系列错落的台地景观和建筑群落（图 4-1）。

西侧地势较平坦处为主馆区，包含业务管理、悼念、等灰、生产及后勤管理等功能，建筑主体一层，利用地形叠落，局部设有二层和半地下层，面积约 9 400 平方米。其中业务管理区位于南侧，面向主入口广场；自业务管理区由南向北，依次布置悼念及等灰区；生产区（含火化）则位于西北侧，相对较为隐蔽。在回应“以山为寝”的场地形势和空间意境的同时，展开并突出了空间转折的序列和仪式性。

图 4-1 江宁殡仪馆方案鸟瞰

转折的长廊

西南侧主馆区包含业务管理、悼念、等灰、生产及后勤管理等功能，考虑礼仪和生产流程的方便，主体功能设于同一层，利用地形叠落，局部设有二层和半地下层。其中业务管理区位于南侧，面向主入口广场；自业务管理区向东北，渐次转折，留出外部广场，内部依次布置大小悼念厅及等灰厅，间以休息空间、庭院等，以长廊转折相连。

长廊随建筑体量连续流转，东南侧朝向台地广场和树木景观，过渡建筑群落与自然山体；西北侧则连接各类建筑功能体，各处衔接和转折处则又适当与主建筑体拉开空间，插入小的过渡庭院，获得空间的收放和层次，继续降解了体量和尺度。

近人尺度的水平性

作为公共性的过渡和交通空间，折廊的做法在前面回民殡仪馆的设计中已有采用（图 3-1）。在这里，因场地更为局促，建筑和山体体量的对峙和压迫感较强，由此则进一步推动了曲折长廊向着更舒缓、更轻盈宜人的方向发展。

对此，长廊选择更为轻薄和细密的钢柱和金属屋面做法，柱子的布置也局部打破规则柱网，根据悼念厅入口转折采取错位和减柱方式，以确保空间的流转连续，总体弱化了垂直方向的重量感，突出了水平方向和轻薄感，并与相对高大的主厅建筑体量形成对比和过渡。

转折的长廊一方面强化了水平连续性，另一方面则避免过长流线带来的单调和相互干扰，保留各处空间的相对独立，利于形成各自特质，而非一眼望穿。

在主建筑体量与长廊和庭院交接处，也尽可能弱化实体感，而强调空间的开放和连续，局部要素和空间相互渗透，引导和舒缓人流体验；而各礼厅上部和后侧则依然保留实体体量感，与近人尺度的长廊形成突出的对比。

纪念性的双重表达

由此，江宁殡仪馆设计得以呈现殡葬空间纪念性的双重表达：远观主要凸显上部主建筑体量的完整和简洁，与山体相对而彼此呼应，不失庄重（图 4-2）；步入长廊则随内外空间连续流转，空间更为通透和放松，增添了殡仪馆的日常宜人特性，疏解了传统殡葬建筑一味地沉重和压抑（图 4-3），亦重亦轻、悲而不伤。

图 4-2 江宁殡仪馆方案入口远望

图 4-3 江宁殡仪馆方案折廊内部

发展和回应

折廊往往成为处理不规则场地的一种过渡和衔接方法，比如前面的南京回民殡葬馆设计，由此展开的空间曲折，拉伸了水平感，也形成了各处的空间节奏和区分。

而在规则对称或局部对称的场地中，比如南京殡仪馆和秦皇岛殡仪馆方案，则分别采取了内凹和外凸的弧廊，在维持对称性的同时，也同样有利于分化各处空间，避免一览无余。其中南京馆的弧廊为内凹形，且上下双层并置，在压低水平空间的同时仍局部保留了一定的垂直纪念性（图 4-4）；秦皇岛馆的弧廊则外凸以呼应山体走势，并与花瓣形的平台花池相互配合，层层叠落，外凸的弧廊与内侧方块状的大小礼厅之间，则插入大小形状不一的不规则庭院，更增添了过渡层次（图 4-5）。

图 4-4 南京殡仪馆悼念台内凹形弧廊

图 4-5 秦皇岛殡仪馆方案悼念台外凸形弧廊

附：江宁殡仪馆迁建项目方案设计

建设地点：南京市江宁淳化街道（黄龙埝水库西侧）

设计期间：2015 年

方案设计：朱雷、王惠 等

江宁殡仪馆迁建项目位于南京市江宁淳化街道，青龙山南麓，黄龙埝水库西侧，距离东山主城区直线距离约 7 公里。场地原为青龙山石灰岩矿开采宕口和废弃地，后经地质环境综合治理，现为空地，地貌类型属低山丘陵岗地和岗间坳沟，整个地块呈不规则形，东、西、北三面均为高地，地势较高，中部和南部地势较低。项目总用地面积约 7 万平方米，拟建殡仪馆（含骨灰堂）建筑面积约 1.2 万平方米。

设计理念与功能布局则

设计本着依山为陵、以丘为墓，回归自然山野的理念，依托地形与山体的走势，形成一系列台地式的景观和建筑群落，体现出序列性和仪式性；同时，也回应了中国殡葬文化的传统，突出“以山为寝”的场地形势和空间意境。

由场地南侧向西北，建筑体量通过前后错位和上下叠落，逐级布置功能区。沿地形走势展开，共分为三个主要区域：主馆区，守灵区及骨灰存放区，总体布局符合殡葬流程和祭扫习俗。

西侧地势较平坦处为主馆区，包含业务管理、悼念、等灰、生产及后勤管理等功能，建筑主体一层，利用地形叠落，局部设有二层和半地下层。其中业务管理区位于南侧，面向主入口广场；自业务管理区由南向北，依次布置悼念及等灰区；生产区（含火化）则位于西北侧，相对较为隐蔽，其中火化间及遗物焚烧间均位于场地西北角下风向。

主馆区东北侧的部分缓坡地带安放守灵区，相对独立安静，错落布置大小守灵间 12 套及配套服务用房，建筑二层。

场地东北侧地势较高处，利用现状较平坦的地形布置为骨灰存放区，包括部分管理服务用房，建筑二层。

景观环境

建筑布局总体呼应自然山体环境，沿东南侧山体曲折展开，形成一系列绿化、广场和台地景观。

台地广场与树阵根据空间功能的不同，间隔布置，舒缓了建筑群落的人造体量与自然山体之间的强烈对比，同时也实现了不同功能空间的过渡和转换，并暗示了不同功能体块的入口，共同形成空间的序列和节奏。

建筑与台地广场之间穿插以小的庭院，形成一系列小尺度的室内外过渡空间，以增加殡仪馆的日常宜人特性，减轻过于肃穆而给人的心理压力。

交通组织

主入口位于基地南侧，直达主馆区。基地东北侧骨灰存放区另有独立的出入口。两个出入口附近均布置有集中的停车场，之间由主要道路相连。

主馆区、骨灰存放区及主停车场四周均有环通的车行道，满足交通出入及消防要求。

主馆区入口设在建筑群的东南角，人群从主入口广场进入，沿道路向北，拾级而上，沿休息廊可分别进入业务厅，一系列悼念厅及等灰厅等主要礼仪悼念空间。主馆区西侧另辟独立出入口与道路，为生产及后勤管理流线，方便工作人员进出及遗体接运。悼念人流和遗体运送实现了各自流线的独立和分离。

立面造型

建筑外部造型与台地景观结合，采取现代建筑的整体大气的体量对比和虚实衬托，呼应山体形式，强调简洁庄重、质朴人文的形象。

立面选取石材、玻璃与部分白墙的不同材质对比，间以木质百叶和墙体，远望庄重典雅，近观则不失明快宜人。

技术经济指标

总用地：70 500 平方米

总建筑面积：11 880 平方米

主馆区：7 480 平方米 (业务接待、悼念、等灰、生产、管 理等)

守灵区：1 250 平方米

骨灰存放区：2 920 平方米

其他：220 平方米 (传达室、遗物焚烧等)

容积率：0.17

绿化率：50%

停车：176 辆

上图：鸟瞰图
下图：总平图

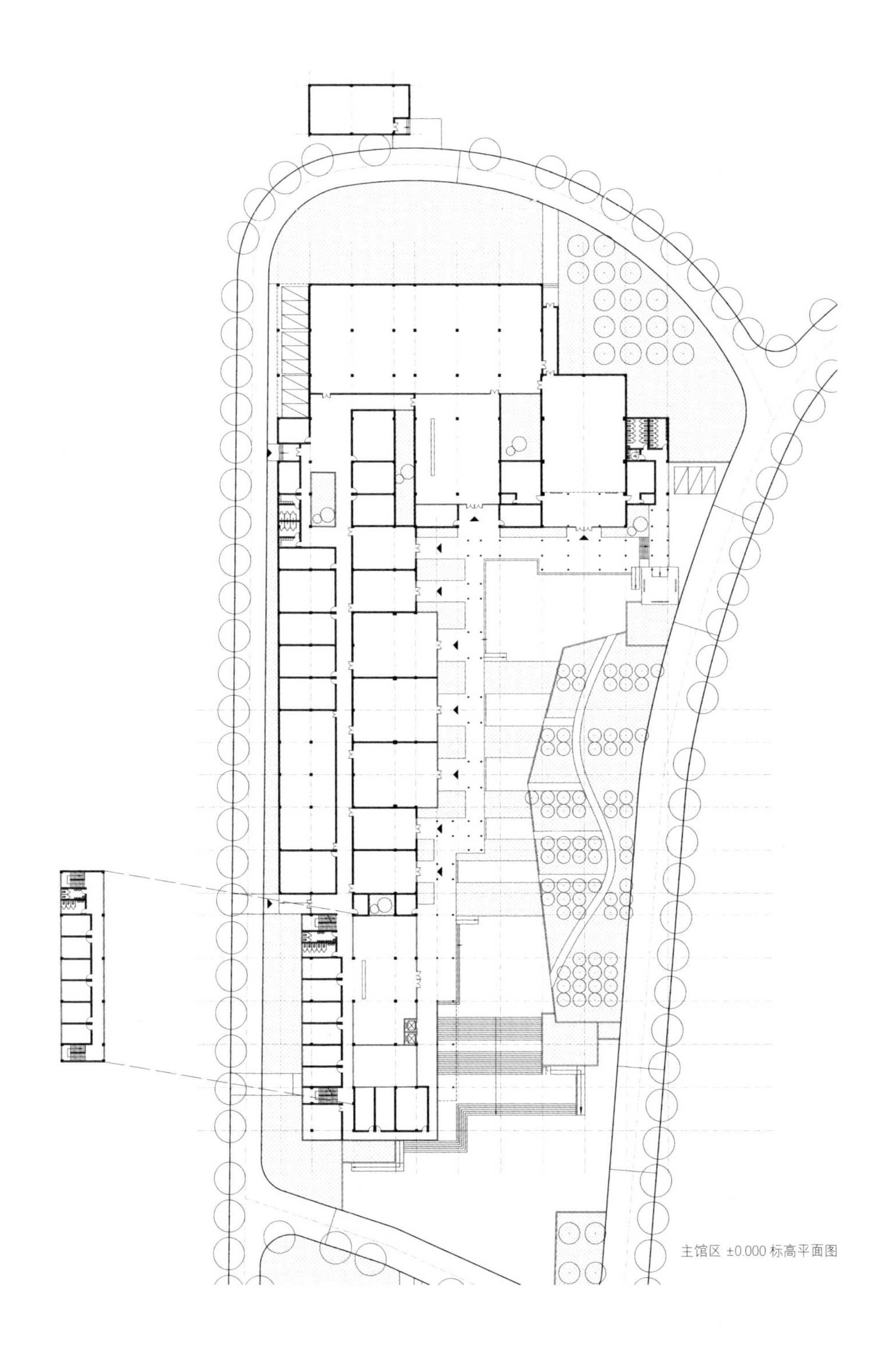

主馆区 ±0.000 标高平面图

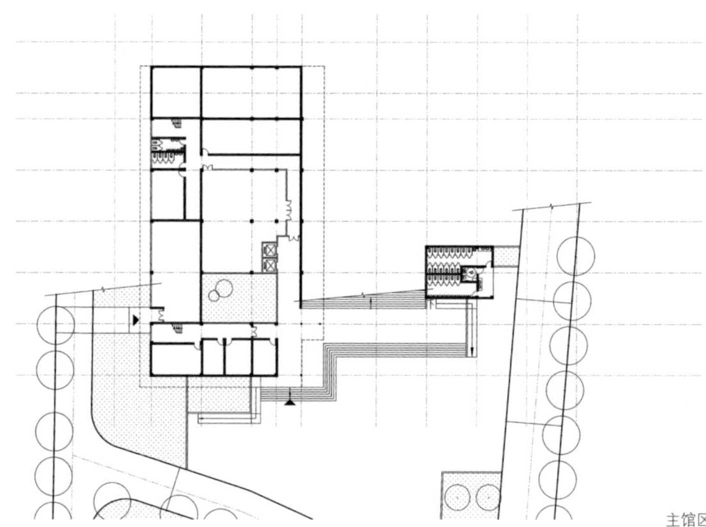

主馆区 -4.200 标高平面图

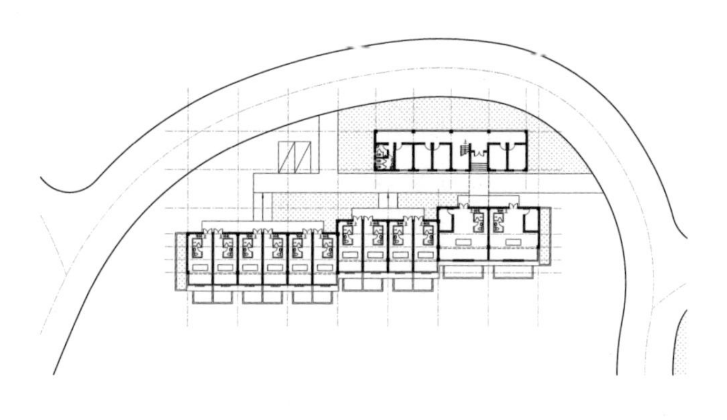

守灵区一层平面图

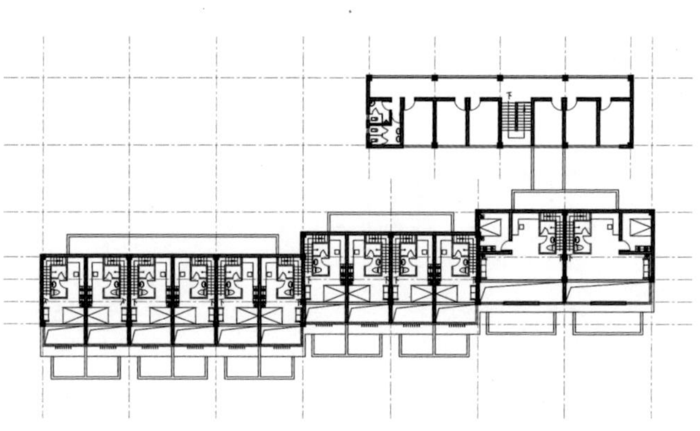

守灵区二 层平面图

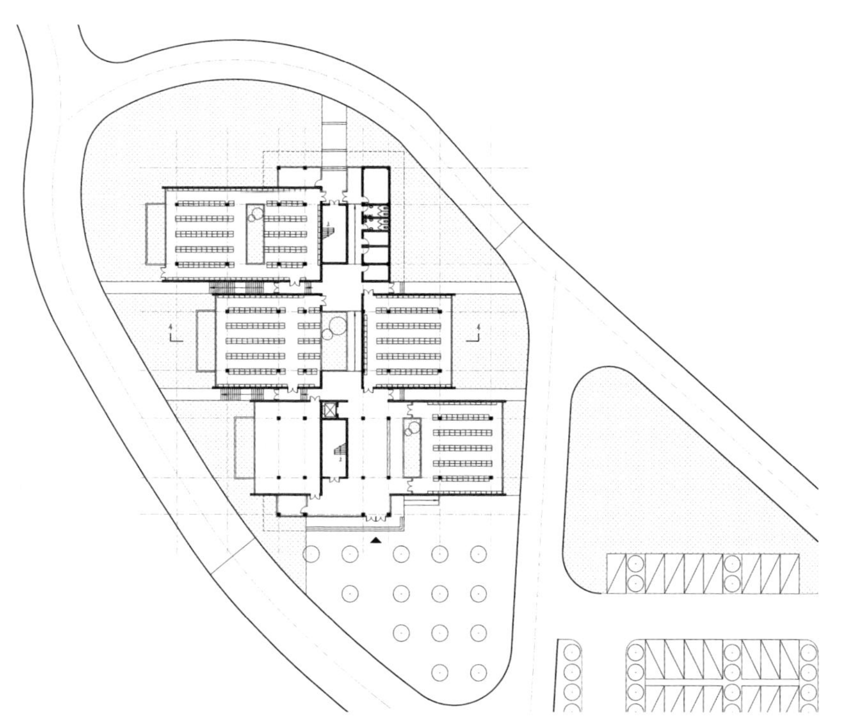

骨灰存放区一层平面图

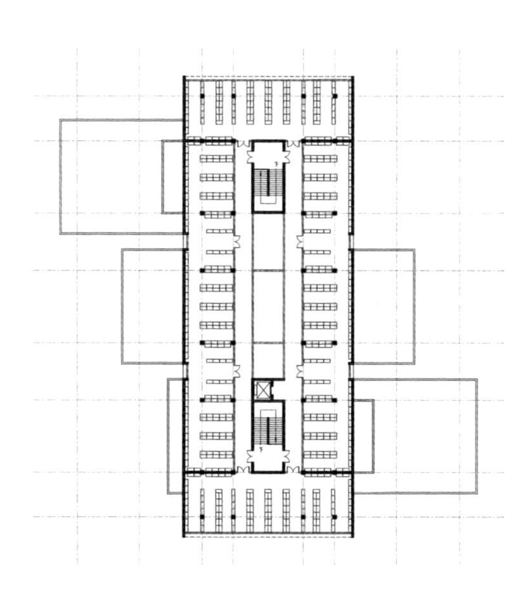

骨灰存放区二层平面图

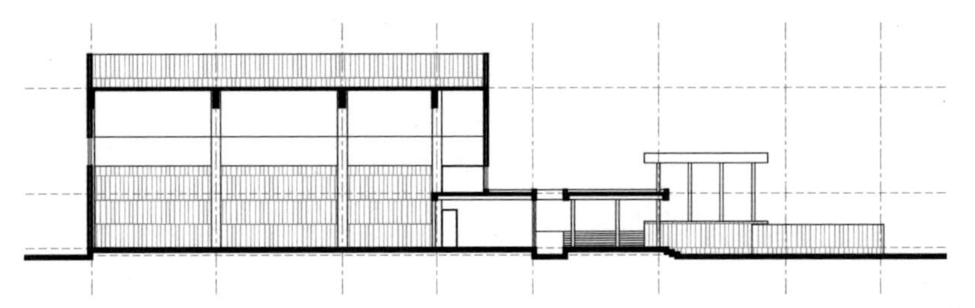
主馆区剖面图 1

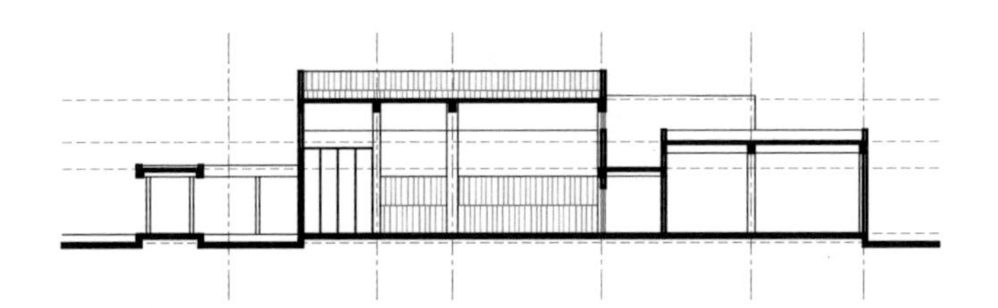
主馆区剖面图 2

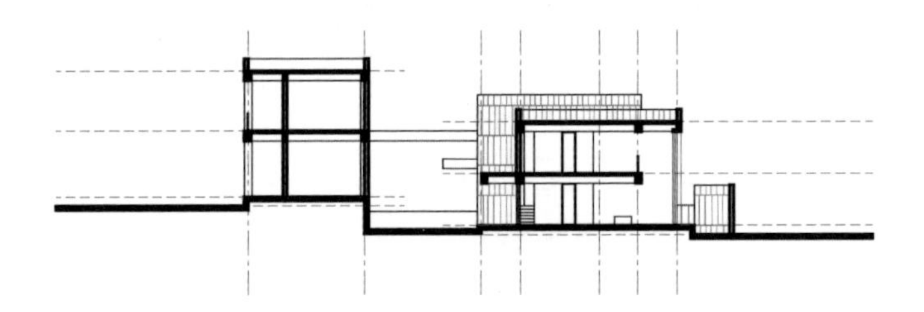
守灵区剖面图

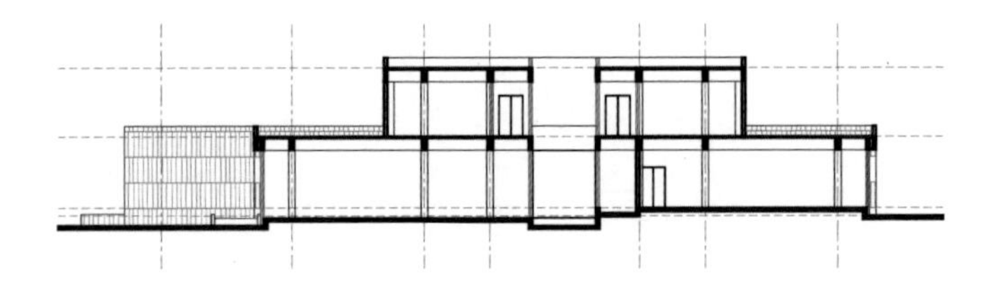
骨灰存放区剖面图

上图：外廊局部透视图
下图：主入口局部透视图

5. 彼岸之岛

云水深处

触不可及

远与近的调节

一岛一境

连云港是位于江苏东北部的滨海城市，横贯大陆东西向的重要动脉——陇海铁路之东端入海口。境内有著名的花果山，传说西游记中“美猴王”之水帘洞府所在。

新殡仪馆及墓园拟选址于市区东侧远郊近海处，基地现状地势低平，且75%为鱼塘，平均水深2~3米[7]。当地政府拟结合地方特点和殡葬文化，将其命名为“连云港海滨人文纪念公园”。

云水七园

设计因借场地特征，结合现有鱼塘，连通水道，堆土成岛，形成水陆相间、云水相连的园林式格局：包括殡仪馆和可分期建设的大小墓园，共分七岛，一岛一园，一园一境。以此成云水七园，呼应主题，融生命纪念与地方滨海文化于一体（图5-1）。

触不可及、远与近的调节

水中叠岛的做法，最为经典的莫若“蓬莱三岛”，既是对于远方仙境的想象，也融入了对来生乃至生命不朽的期望。水波云影的荡漾，在模糊视觉远近的同时，重构了心理距离的远近，亦即周敦颐《爱莲说》之所谓“可远观而不可亵玩”之意。

一岛一境

殡仪馆主体位于基地东南方位，主要陆地之上，便于先期建设。其中主馆区位于后部，略施景观浅水与后部的大景观水体相连；主馆西侧水面上设骨灰堂，与南侧主入口隔水相望。

墓园位于中部及北侧，结合现状鱼塘，利用基地及附近建设土方，叠土成岛，一岛一园，形成“园中园”的格局，便于远近分期实施，也利于促成不同小墓区的特征。北侧水面中央结合基地现状肌理设长堤园，布置为公共景观和生态纪念，并连接各个小园区，与主馆和骨灰堂隔水相望。

发展和回应

“一岛一园”的方法在另一个角度上也类似于“园中园”，只是不设墙体相隔，而代之以隔水相望，宜远观而难触及，更增添了一重神秘感。而有关“园中园”的做法，在墓园规划中，尤其是多元葬式的墓园规划中，则是一个重要的方法：既可适当分化尺度，保全了相对的私密性；又促成了各个墓区的特质形成和发展。在南京罐子山墓园的概念规划中，也采取了这一方法，结合坡地地形的凹凸婉转整理小墓区形态，在分化了大小墓区的同时进一步强化了地形特质（图 7-2）。

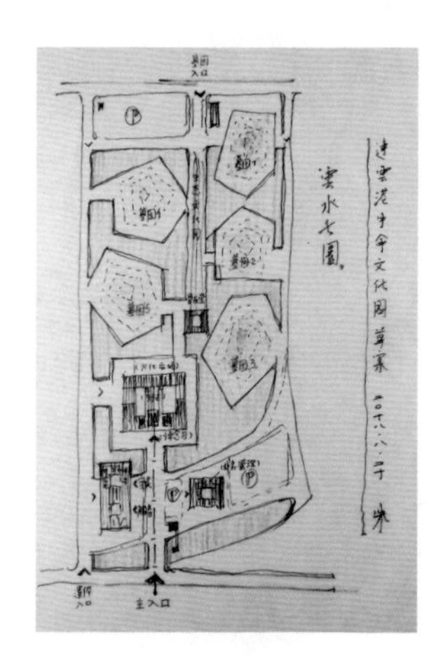

图 5-1 云水园

附：连云港海滨人文纪念公园方案设计

建设地点：江苏省连云港市

设计期间：2018 年

方案设计：朱雷、邢雅婷、徐海琳 等，合作设计：中江国际集团建筑设计院

连云港海滨人文纪念公园选址于市区远郊，徐新路北侧，距市中心约 20 公里，东侧近海。基地现状地势低平，且 75% 为鱼塘，平均水深 2~3 米。建设内容包括殡仪馆（含骨灰堂）和墓园。总用地面积约 80 万平方米，其中殡仪馆区（含骨灰堂）占地面积约 20 万平方米，拟建建筑面积约 3.2 万平方米。

设计构思 —— 云水七园

因借场地特征，结合殡葬文化，打造水陆相间、云水相连的整体园林式格局：如云浮水，如岛泛波；一岛一园，一园一境；融生命纪念与地方文化于一体。

功能格局

殡仪馆主体位于基地东南方位，主要陆地之上，便于先期建设。其中主馆区位于后部，略施景观浅水与后部的大景观水体相连，从南往北依次布置悼念区、生产区和生态处理后场。主馆西南侧，接近主入口处布置为接待管理区，周匝环廊；主馆东南隅则布置为相对独立的守灵和服务区；主馆西侧水面上设骨灰堂，遥对南侧主入口。

墓园位于中部及北侧，结合现状鱼塘，利用基地及附近建设土方，叠土成岛，一岛一园，形成“园中园”的格局，打造不同的墓区特征，并便于远近分期实施。北侧水面中央结合基地现状肌理设长堤园，布置为公共景观和生态纪念，并连接各个小园区，与主馆和骨灰堂隔水相望。

交通流线

殡仪馆主入口位于南侧徐新路，经过系列景观和礼仪广场通达主馆悼念区。车辆从主入口进入后，可在两侧分流，西侧通往墓园，东侧绕往生产区后场，并可达守灵区，在主广场和主人流方向避免了悼念流线和遗体流线的交叉。主入口两侧设生态停车场，可分远近期实施，共可停车 300 余辆。

墓园主入口位于基地北侧，并拟沿基地北侧新开一条道路连通外部城市干路。主要礼仪人流由中部长堤及公共景观纪念带进入，通达各墓区。周围有一圈车行环路相通达，并可与南侧殡仪馆东西两侧的环路相接。墓区停车场主要位于北侧，而南侧靠近殡仪馆的停车场也可在高峰时方便借用。

技术经济指标

总用地：805 194 平方米

殡仪馆区占地面积：199 800 平方米

墓区面积：605 394 平方米

水面面积比例：24%

殡仪馆建筑面积：32 000 平方米

停车：752 辆

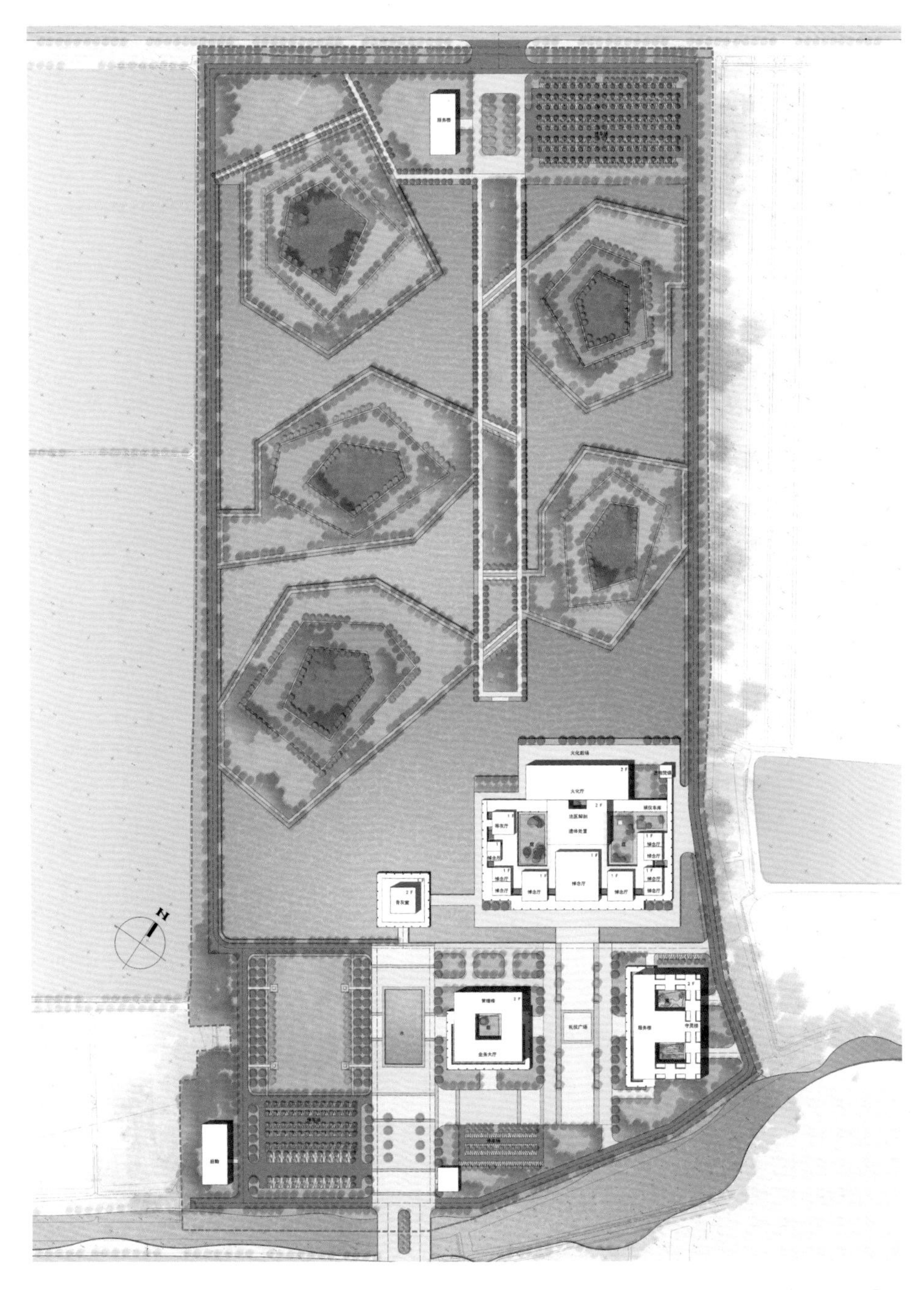

云水园方案总平面图

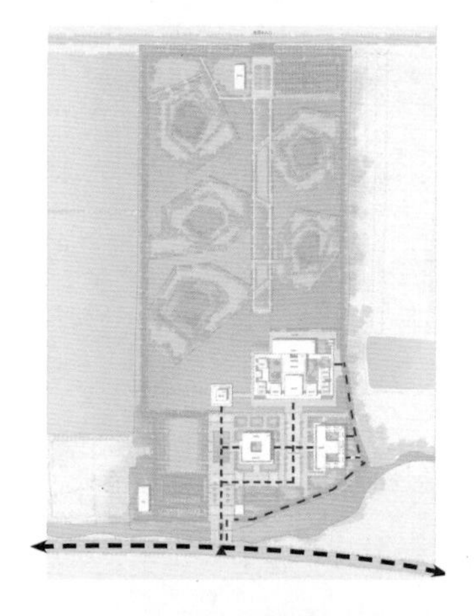

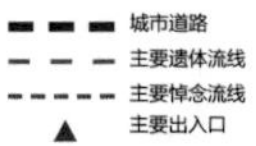

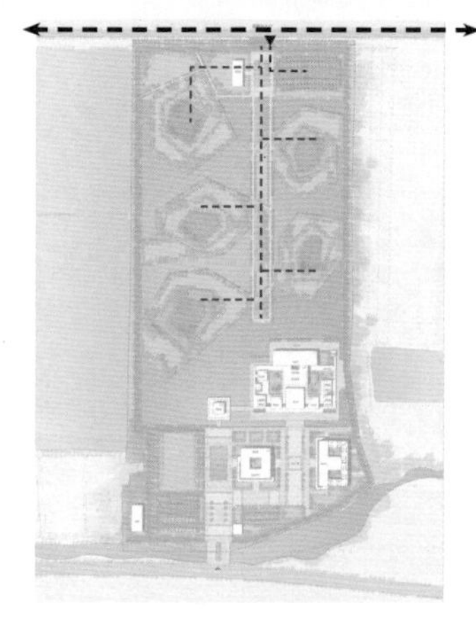

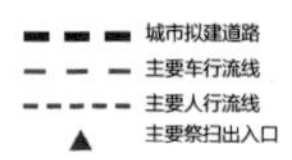

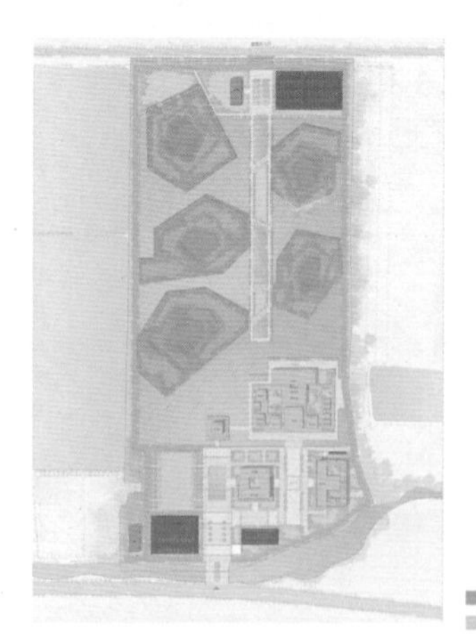

服务管理区
殡仪馆区
墓园区
停车区

上图：云水园日常交通流线分析
中图：云水园祭扫流线分析
下图：云水园功能分析

上图：云水园透视图一
下图：云水园透视图二

6. 集合的个体

集合的纪念性

公众的纪念

集体与个体

实体与虚拟

作为一种立体化、更为高效的集中骨灰存放设施，骨灰纪念堂正成为面向未来的、更可持续的公共性骨灰安置方式，尤其是人口稠密、土地资源日益稀缺地区。

二龙山骨灰堂位于南京市浦口区老山山脉南麓二龙山公墓，地块为南北向的坡地，两侧是现有墓地。2014 年，浦口区政府提出计划，拟在此新建骨灰堂约 3 500 平方米，集中安置一批公益性骨灰格位约 3 万格。

集中与分散

作为一种立体化、高密度的集中骨灰存放场所，如何协调密度与容量，并解决由此带来的公共交通和疏散，成为骨灰堂设计所要解决的首要功能性问题。

针对二龙山骨灰堂设计，提出了相对集中与相对分散的两种方案（图 6-1、图 6-2），最终实施方案选取了局部集中、整体分散的组群式布局，分化为若干组建筑，结合坡地地形和室外台地的设置，再将各组建筑连接成整体，以便于疏散和管理，同时也便于协调总体的公共性和各组团的相对私密性问题。

图 6-1 二龙山骨灰堂方案一

图 6-2 二龙山骨灰堂方案二

公共性与私密性：内外之间

骨灰堂作为集中安置场所，无疑具有公共性特征，尤其是祭扫高峰，公共人流量的计算和相关考量，是其规划设计和管理运行所需要特别关注的。而另一方面，其内部存放格位却又希望具有一定的私密性保护，而非直接暴露在公共视线之下；与此同时，对于阳光曝晒和直射也需尽量避免。

对此，在组群式的整体布局中，集中设置了门厅接待和祭扫空间，公共交通主要通过外部台地阶梯及无障碍坡道相连。而各骨灰堂组团则采取内庭院的围合模式，一侧对主通道设置开敞式门廊，另外三侧则对内庭院围合并开敞，对外则相对封闭，如此，既规避了外部视线的干扰，更具有整体感和纪念性；又通过内庭院采光和通风，并连同门廊一起满足各组团人流集散之需，同时也利于形成每个组团内部的礼仪性和象征性空间。

公共性与礼仪性：内部空间与格架

进入各组团的骨灰间室内，从实际的骨灰格位和格架安放效果看，由于采取常见的高密度整齐划一的格架排布方式，最终呈现的结果更像是一种集中的存放空间，还缺失纪念性和场所感。事实上，因为和建设单位前期沟通不足、格架厂家介入设计太晚等原因，格架数量超出建筑设计预期，导致格架按照最大化密度排布，缺乏与室内空间设计的有效分化和整合。

而对于每个丧户而言，每个独特的个体所安放的格位才是其最为关注的方面之一。目前单一的格位安放方式则缺失了对内部场所和单个格位特质的关注，也缺失丧户互动表达的空间，礼仪性不足。尽管格架产家采取了很多附加的装饰性处理，但整体格架缺失在空间环境中所应具有的位置感和特定的空间品质：往往上不达天、下不接地，与周围环境也较为脱节，更像是一种临时性的存放家具，即使装饰繁多，也非能让人安心的安置场所。这也是目前公众对于骨灰堂存放方式接受度不高的主要原因。

场地—架构—格位

对此，针对实际问题，后续研究重新思考室内格位、建筑空间及景观环境的关联，在适当降低密度的前提下（由原来每平方米建筑面积 8 格位略减至 6~8 格位），考虑打破单一行列式存放格架的做法，研究不同空间尺度和围合度的格位排布。发现在中等尺度上（4~5 米），行列式和围合式的存放密度相差不大（图 6-3）[8]。

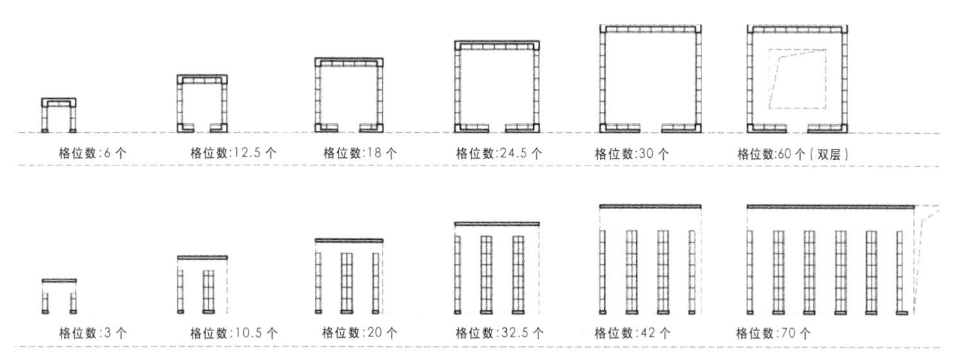

图 6-3 围合式与行列式排布格位数量比较

在此基础上，提出重新整合“场地环境—建筑空间—存放格位”三个层次，恢复存放格位与建筑空间乃至场地环境的关联，并建立起各个层级的场所感。

以此从存放格架、建筑单元、场地环境三个不同层次上展开后续设计研究。

后续研究 1：以骨灰格架为起点的设计研究[9]

（1）格架均质排布

格架是骨灰堂建筑中直接面向个体使用者的空间要素，设计从格架出发，将其作为最主要的建筑空间形成和限定要素，并使其直接矗立在场地（坡地 / 台地）上，获得与建筑空间及场地环境的紧密融合，有利于场所感和纪念性的表现（图 6-4）。

将格架顺应基地等高线进行行列式均质排布。因为坡度的存在，上下格架会产生一定高差，局部更利于结合地形及挡土纪念墙的设置，格架之间的空间成为线性交通空间。

(2) 加入公共空间

垂直于格架（亦即等高线）方向，在中间插入公共空间，打破了格架的均质状态。为满足无障碍坡道设置，公共空间呈“之”字形设置，也分化了两侧格架。

(3) 空间单元形成

格架顺应等高线的设计带来大量不同的地面标高，根据交通疏散和公共空间尺度的要求，对格架高度进行一定的整合，形成骨灰寄存单元。骨灰寄存单元形成后，格架作为结构完成骨灰寄存空间的覆盖。

(4) 连续坡顶完成空间覆盖

通过木结构的折板坡屋顶完成对公共空间的覆盖，将分散的建筑单元整合成一个统一架构覆盖下的建筑形象（图 6-5）。该结构和格架完全脱开，分别保持自身的完整性。

(5) 空间功能分化

除骨灰寄存区外，其他功能设置在格架体系外。其中，接待区整合进屋顶覆盖下的半室外公共空间，不再单独设置；办公用房设置在屋顶和骨灰寄存单元重合部分的二层；公共卫生间和消防水泵房、消防水池设置在场地入口处一角，下沉成半地下空间，覆以自然植被弱化其存在。

格架是骨灰堂建筑中直接面向个体使用者的空间要素的重复，它有利于纪念性的表现。不同长度的格架增强了格架自身的独立性，同时将空间限定成较小的尺度。分散的单元体量、长短不一的格架、公共空间中穿插的坡道，这些自由组织的元素在屋顶这一整体性覆盖的加入后，重新整合起来，屋顶自身也成为建筑整体的重要纪念性表现元素。大尺度的覆盖元素与小尺度的内部空间也产生了一种对立的空间张力。

图 6-4 从公共空间看格架单元侧面透视图

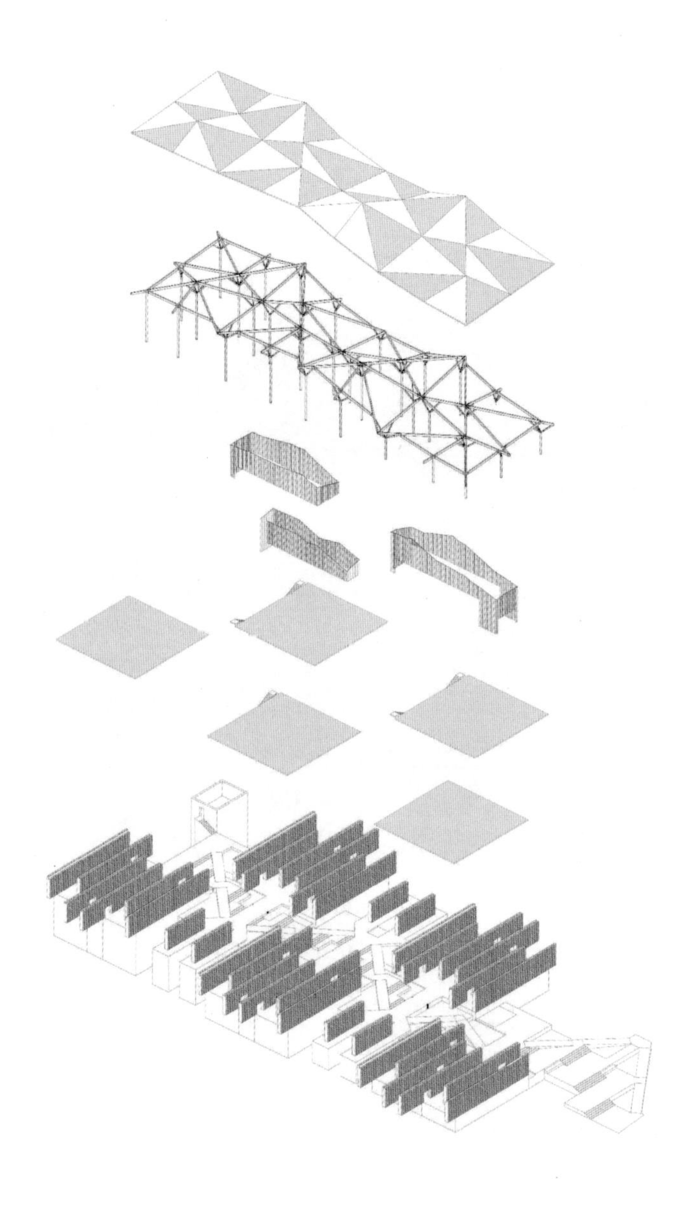

图 6-5 轴测分解图

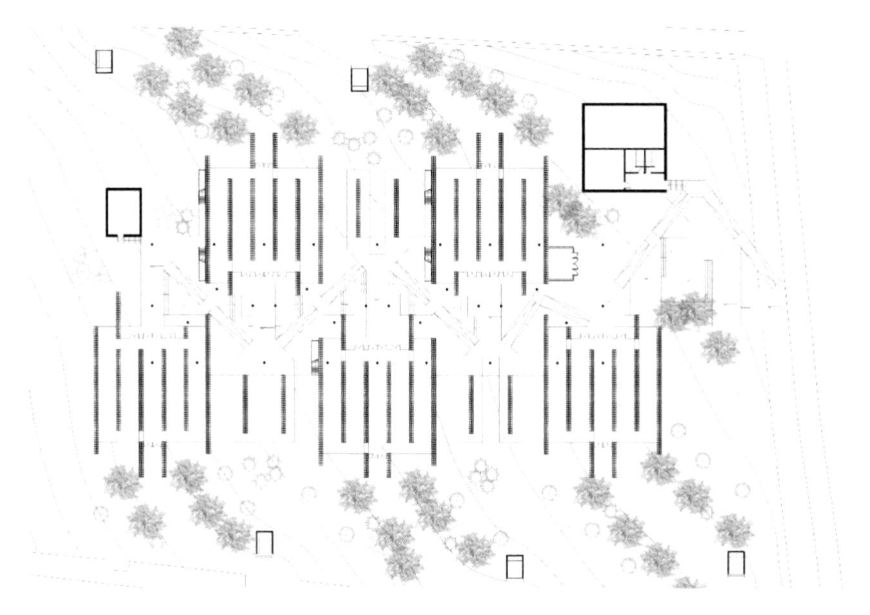

图 6-6 一层平面图

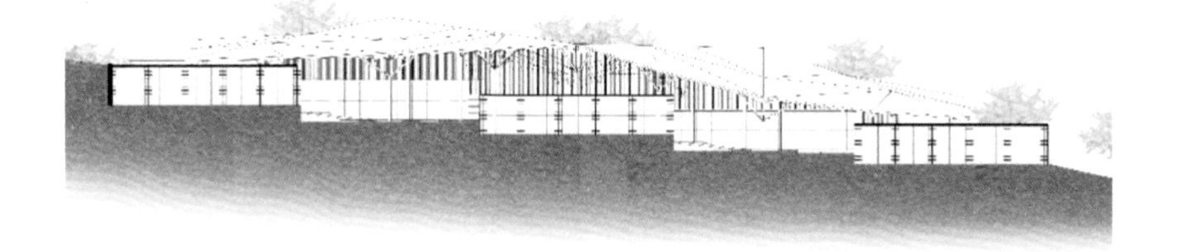

图 6-7 剖面图

后续研究 2：以建筑单元为起点的设计研究 [10]

基于实施方案，对群组式的单元进行进一步优化。后续研究以骨灰寄存室 1 为例，适当调整密度，对单元空间结合格架排布进行了深化设计。

(1) U 形格架布局

为强化格架的结构特征，将格架顺应墙体布局；入口空间和内部庭院解决交通和采光通风问题，因此格架形成 U 形布局。格架间距 1.2 米，坡顶结合格架设计成三层，并通过高窗采光。

(2) 适当降低密度

1.2 米间距方案的格位数目和实施方案基本一致，但是格架之间的净宽较小，且不符合最新的《公墓和骨灰寄存建筑设计规范》；最高的格架高度超过 5 米，高窗高度较小，采光不足，这导致室内整体空间感不佳。因而考虑适当降低密度，减少一排格架，格架间距扩大至 2.1 米，高窗高度增加至 1 米。

(3) 祭奠空间分化

由于骨灰存放单元内部没有特定的祭奠空间，鲜花被摆放在外部的草坪或入口处的桌子上。后续设计中，单元内部的祭奠空间成为庭院中靠近入口的方形体量，通过连廊和骨灰安放间相联系。

(4) 格架的进一步深化设计

U 形布局导致格架形成圈层式空间，内部和外部缺乏关联，因此将部分格位取掉形成通道和洞口（图 6-8）。一方面增加空间的趣味性，另一方面也能够整合部分通风、消防设备，增加对外采光，实现室内空间的整合。

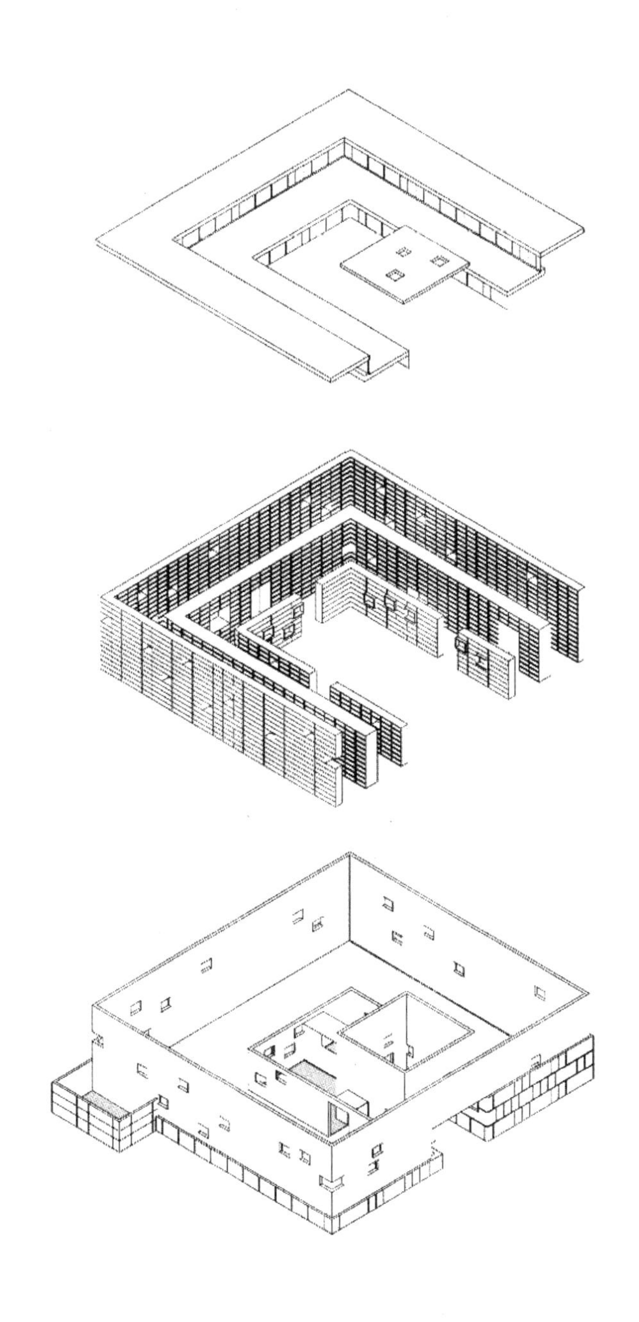

图 6-8 格架间距 2.1 米的单元深化方案轴测分解图

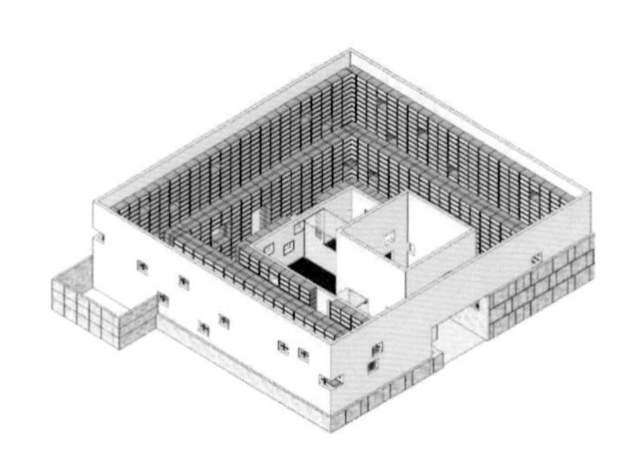

图 6-9 格架间距 2.1 米的单元深化方案轴测图

图 6-10 格架间距 2.1 米安放区透视图

图 6-11 单元内部

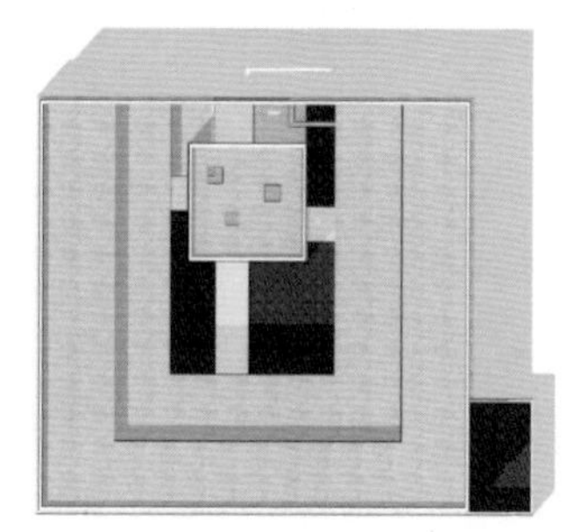

图 6-12 单元总平面图

“簇群构图”使单元与总体外部环境呈现出一种聚落式的特征。通过单元的组织，建筑和外部环境产生密切的关联；整体空间因为局部的自治性呈现出一种片段化的特征，这种片段化增加了空间的丰富性。

各个单元外部通过简洁的正方形体量营造一种纪念性表达。骨灰寄存单元结合外部平台的上下分化使白色体量漂浮在浅黄色石材构成的坚实基础之上，形成轻与重、粗糙与细腻的对比。单元内部庭院在满足采光通风的同时，结合路径和祭奠空间而得到强化：其祭奠功能、完型特征和中心位置使其成为具有强烈仪式感的纪念空间。格架通过整体围合式格局完成了自身秩序的构建，同时在对内部庭院和外部环境的关系上产生了一致性；高窗的设计又提示出内外空间的不同，形成一定的向心特征；格架作为结构产生了固定感：这一系列的设计操作强化了格架自身的纪念性表现。

后续研究 3：以场地环境为起点的设计研究 [11]

（1）整体的围合布局

借鉴罗西的圣卡塔尔多公墓的围合式构图，该设计采取环形围合体量确定了基本的空间模式。环形体量的一部分嵌入山休变成 C 形，局部与坡地之间形成架空空间，整体弱化了体量的围合感。方形体量的加入强化空间的中心，但是随后这一强烈的向心构成被刻意打破：方形体量顺势被布置在 C 形的缺口处，平衡整体的构图。对称性也在这一过程中一起被消解。

（2）空间单元的分化

C 形内部自然形成线性布局：沿内侧布置走廊，C 形被分解为等大的建筑单元；嵌入山体的端部格位排布密集，作为过期骨灰库使用。方形体量被分解为九宫格 —— 一种特殊的网格构图，中间的垂直交通空间成为这部分的中心，强化了该部分的独立特征。

（3）格架设计

C 形体量内部将方形体量分解为九宫格形式使尺度缩小，格架沿墙体布置与行列式布局实现了同样的密度。

（4）总体与格架

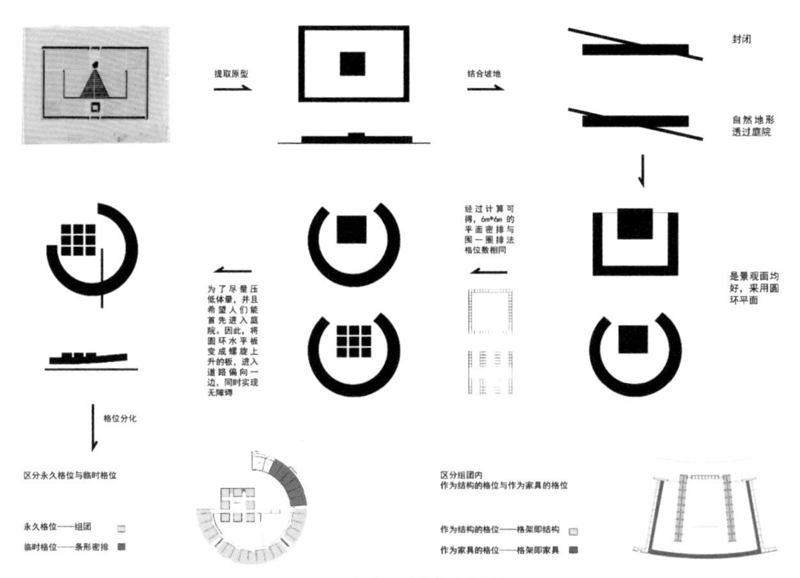

图 6-13 概念及形体生成分析图

建筑单元形式的不同也在格架尺度上更加明显地表现出来，并引起格架的进一步分化：扇形单元内部的格架分化为作为结构的格架、作为墙体的格架两种，并且墙体式的格架也因为位置的不同，形成各自不同的空间特征——这种看似简单有效的格架设计方式来自单元尺度对体量的精确控制。

设计研究首先从整体环境出发，结合坡地景观创造出属于逝者的不受干扰的精神世界，建筑架构环于周边并在核心处共同构筑起公共纪念空间。

接下来考虑建筑架构与存放格位的关联，兼顾公共性与私密性需求，分化出密集存放的临时格位和分单元设置的长期存放格位。

在满足总体密度和容量的条件下，长期存放单元空间略做放量，以两组”U”形格架，分别结合围合墙体及结构墙体，彼此套叠构成单元：内部两片主结构墙体与格位存放相结合，伫立于坡地上，并于中央留出小祭拜空间；周边则另有一圈围合墙体与格位结合，共同环于中央主景观周边，并抽取若干格位形成开口，引入自然光线及景观，由此恢复存放格位与建筑空间结构乃至山地环境的紧密关联，并造成室内格位的壁葬感，增强了纪念性及多样性表达。由此，结构和格位设计相结合，形成一种带有架构特征的结构。同时沿外墙设置第二种骨灰格架，这种格架的分化在建筑单元内部产生了带有仪式特征的中心空间。

各单元空间下部，则顺应自然地形高差，结合架空结构墙体设置格位，与上部骨灰格位墙连为整体，并形成特殊的半室外壁葬，补充了总体骨灰存放量。

中央及周围预留的景观作为静谧的公共的纪念场所，连同周围自然山地景观一起，结合礼仪性流程的设置，为远期倡导长效的生态葬式预留出了最佳空间。

人们在走向建筑时，其外观呈现出一个具有强烈纪念性的环形漂浮体量，容易产生对体量内部中心空间的预期；到达体量后，会发现中心并不存在，取而代之的是建筑背后的自然山体以及偏移在一侧的骨灰寄存室，建筑的纪念性表现在一定程度上让位于自然风景的表现；接下来进入建筑内部，会发现多样化的骨灰寄存空间，这种多样性带来更多面向普通个体的纪念性表现的可能性。

该整合设计研究中，为进一步提升不同类型的空间利用效率并考虑远期生态葬的转化，已在一般的骨灰堂室内存放之外，复合考虑了室外壁葬及生态葬，而有关多元葬式的分化和复合问题，将在下一章继续展开讨论。

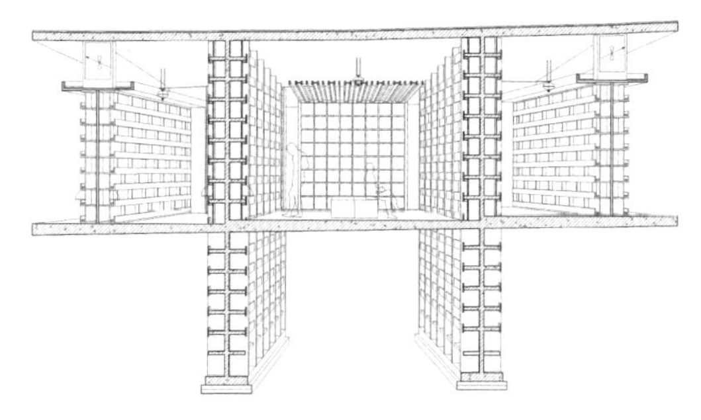

图 6-14 扇形单元剖透视图

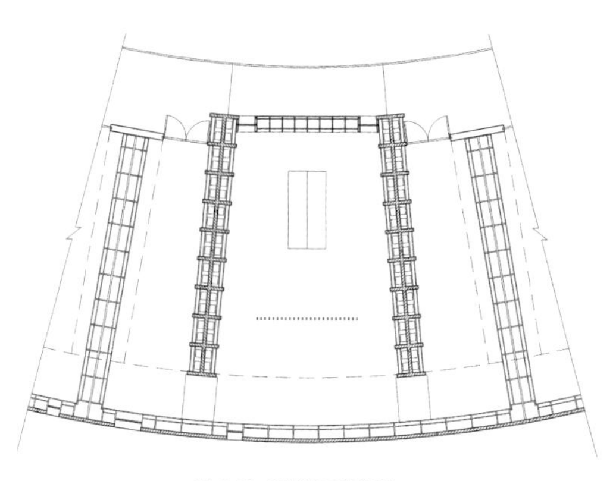

图 6-15 扇形单元平面图

图 6-16 扇形单元室内透视图

图 6-17 结合地形地景的骨灰堂设计研究

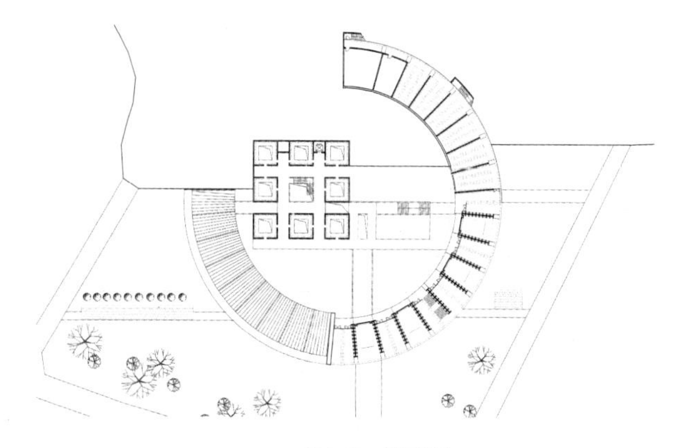

图 6-18 二层平面图

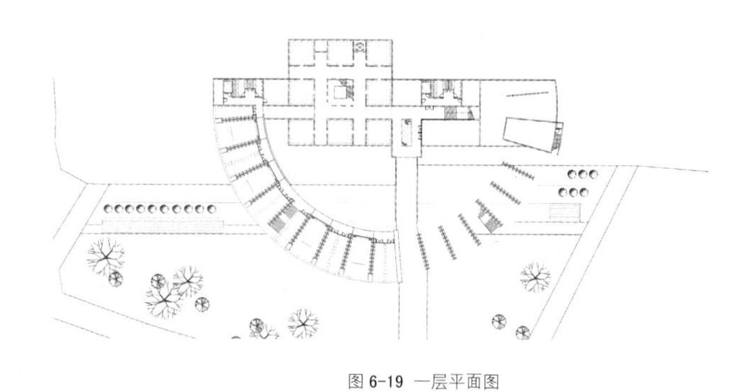

图 6-19 一层平面图

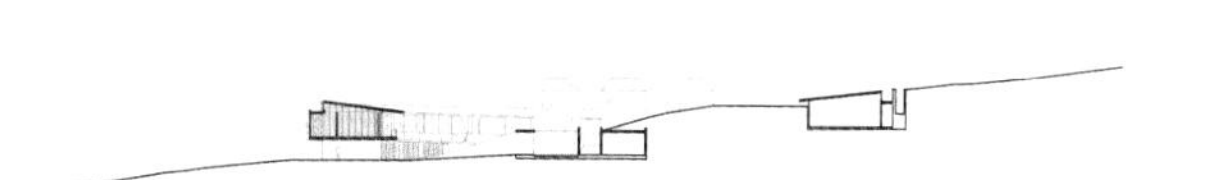

图 6-20 立面图 剖面图

发展与回应

骨灰堂作为一种立体化的、更为高效的骨灰存放设施，正成为政府积极引导的未来更可持续的公益性的骨灰安置方式。对此，原有规范主要从存放密度、间距、防火和疏散角度做了相关规定，主要考量的是存放功能。从原有的使用情况看，骨灰堂也往往用于临时存放之需。

在新的导向下，骨灰堂作为更具长久性的安置场所，其对礼仪性和纪念性的考量需要加强。对此，新颁布实施的《公墓和骨灰寄存建筑设计规范（JGJ/T 397-2016）》，对已有规范进行了提升，适当降低了密度，增加了礼仪祭拜及服务功能。

在之后完成的南京江宁区各街道骨灰纪念堂设计中，根据新的规范标准，适当调整了密度（平均每平方米建筑面积约 6 个格位），设置了集中的祭拜厅，骨灰间内部空间设计，考虑格位布置和主通道，结合管线等，进行了空间二次分化。尽管由于工期问题等，骨灰格位仍采用统一向厂家采购，但格架区域在室内空间设计上整体分化出来，与公共通道采取不同的限定，意图强化室内的空间感，形成“房间中的房间”，使得各个格位安放在具有特定空间限定和场所感的区域(图 6-21 汤山纪念堂室内）。

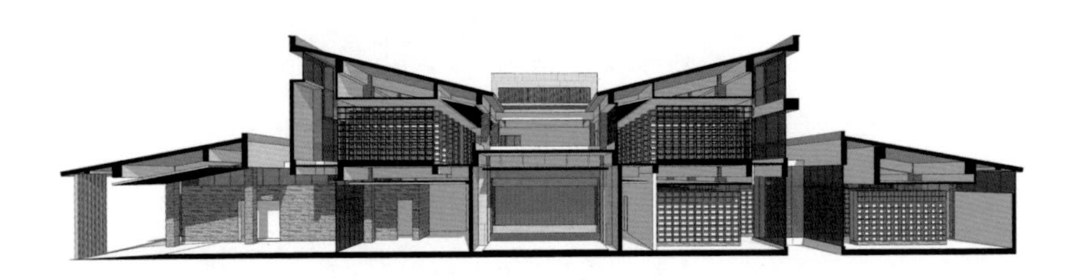

图 6-21 汤山纪念堂阶段方案剖透视

而在另外两个相关主题的设计竞赛提案——“轻盈的纪念性”（图 6-22）[12] 和“城市中的城市”（图 6-23）[13]，则同样针对高密度集中安置骨灰的方式，借助于新材料、新科技及互联网互动技术，探讨了公共集合与个体表达、远程与在场，以及个体性介入的方式，对未来城市集中骨灰安置提出了新的想象。

图 6-22 轻盈的纪念性

图 6-23 城市中的城市

附：二龙山骨灰纪念堂设计

建设地点：南京市浦口区老山山脉南麓二龙山公墓

设计期间：2014—2015 年

方案设计：朱雷、刘兆龙 等

建筑设计：朱雷、齐昉、刘兆龙 等〔后续设计研究：朱雷（指导）、刘兆龙、顾兰雨、张丁〕

项目负责：朱雷

项目基地位于南京市浦口区二龙山公墓内西北部，周围整体环境优美，有丰富的自然绿化植被。建筑用地背靠二龙山余脉，内部坡度约为 10%，为一个长方形地块，面积约 1.16 公顷，长向约 160 米，短向约 70 米。基地三面为墓地内部道路，一面紧邻墓穴式骨灰安葬区域。

骨灰堂拟建建筑面积 3 000 平方米，层数为一层。建筑包括骨灰安置区、接待厅、办公服务用房以及祭奠区等。

总体布局

基地在一个自然的环境中，周围以自然山体和普通墓地为主，该方案整体采取组群分散式的策略，既有利于人流疏散，又适当弱化建筑整体体量，通过小尺度的建筑体量的组织，形成一个聚落一般的空间形态。

建筑单元组群

设计以建筑单元作为起点。骨灰堂单元主要的功能为骨灰寄存，根据《殡仪馆建筑设计规范》，单层最大防火分区面积为 800 平方米。方形单元具有一种完形特征，有利于纪念性的表现。骨灰堂的流线具有很强的目的性，使用者需要直达特定的骨灰存放室。因此，该设计将建筑分成若干个小体量正方形的建筑单元进行空间组织。

将正方形体量根据地形坡度自由散布，初步形成一种聚落式的“簇群构图”。根据防火规范要求，骨灰寄存单元分散布置的防火间距不小于 10 米（两侧墙体不开窗的情况下不小于 6 米），同时为加强外部空间的限定，部分体量连缀形成组团。

除了入口处的接待大厅和管理用房外，其他相似的单元体量主要为骨灰寄存单元。体量内部包含庭院，完成采光通风功能的同时，形成内部亲切安静的空间氛围。入口处的接待厅是一个开放的体量，幕墙退后形成柱廊，庭院转化为天窗；办公服务用房部分嵌入地下；消防水泵房、水池设为半地下，其上覆土成祭奠林。

体量组织与外部空间

根据室外公共空间关系，调整体量大小和位置，形成有节奏的“之”字形外部空间环境。正方形体量因此也获得了不同的体量和朝向特征。

“台”的介入成为抽象的正方体和地形之间的中介要素。“台”的形式和东西方建筑中共有的“台基”概念类似，但这里的台也包含完整的建筑体量。台的形式将建筑、挡土墙、坡道、花台等要素整合起来，形成一个连续的系统。

技术经济指标

建筑用地面积：11 624 平方米

建筑用地坡度：约 10%

建筑层数：一层

地上建筑面积：3,126 平方米

地下建筑面积：256 平方米（消防水泵房和消防水池）

绿地率：30%

建筑密度：27%

容积率：0.27

格位数：约 36 000 个（以单格计）

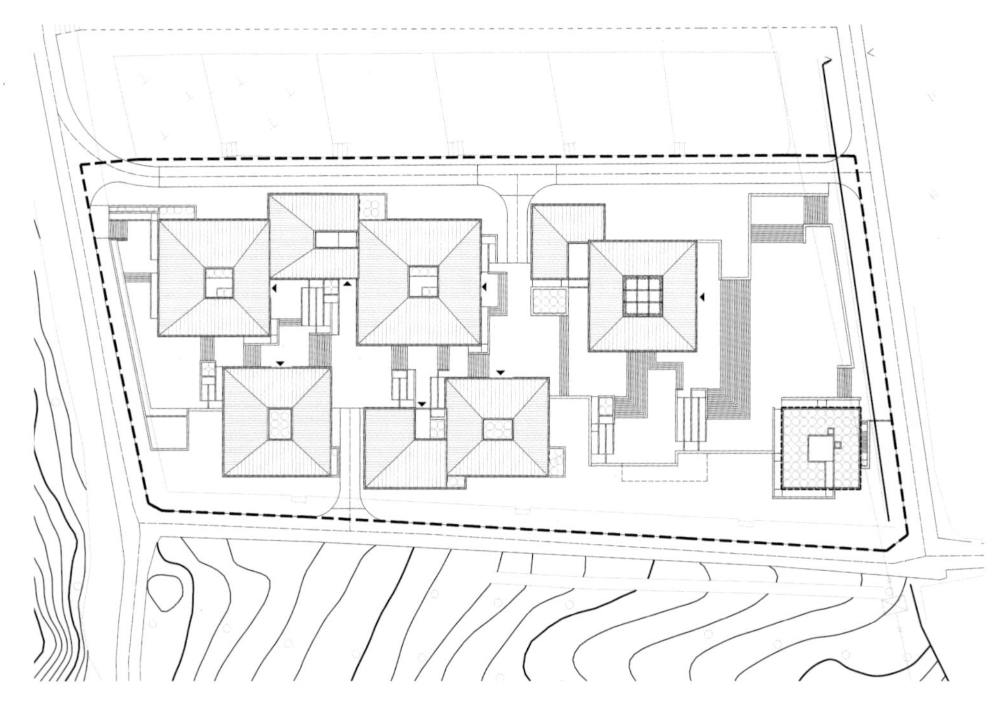

总平面图

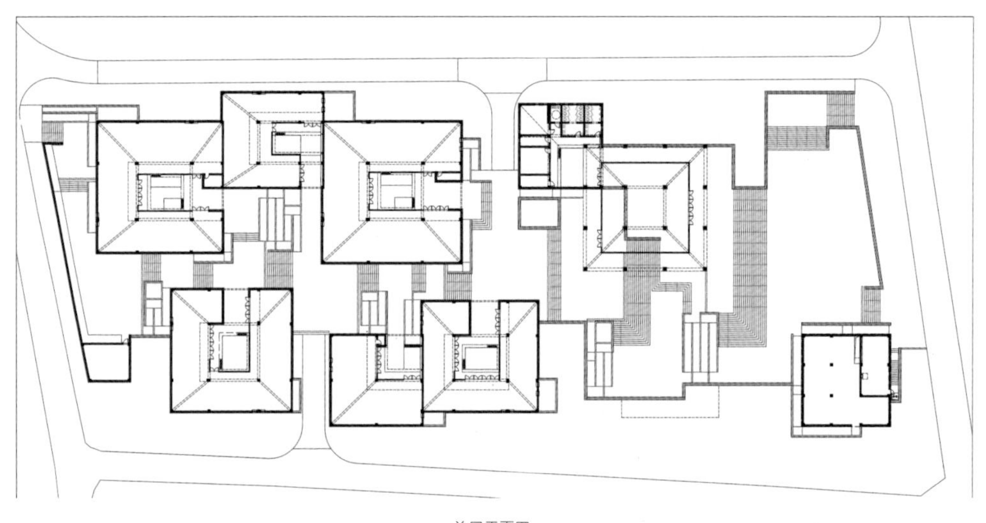

首层平面图

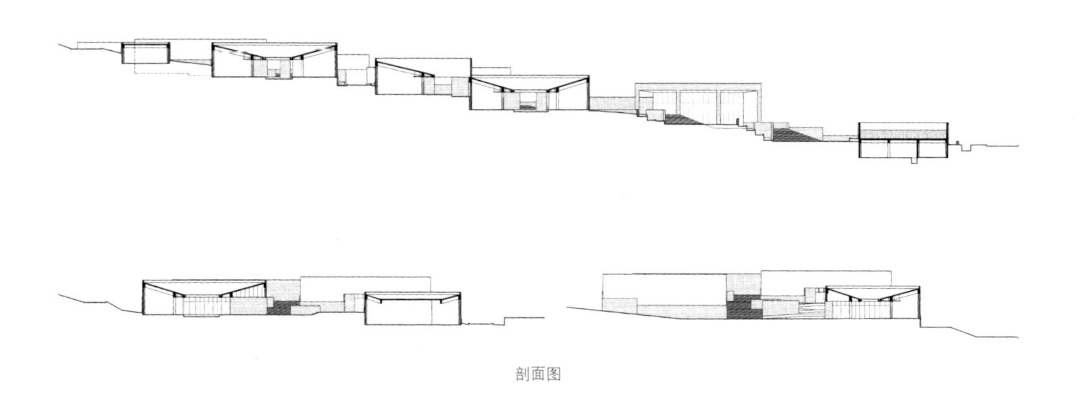

剖面图

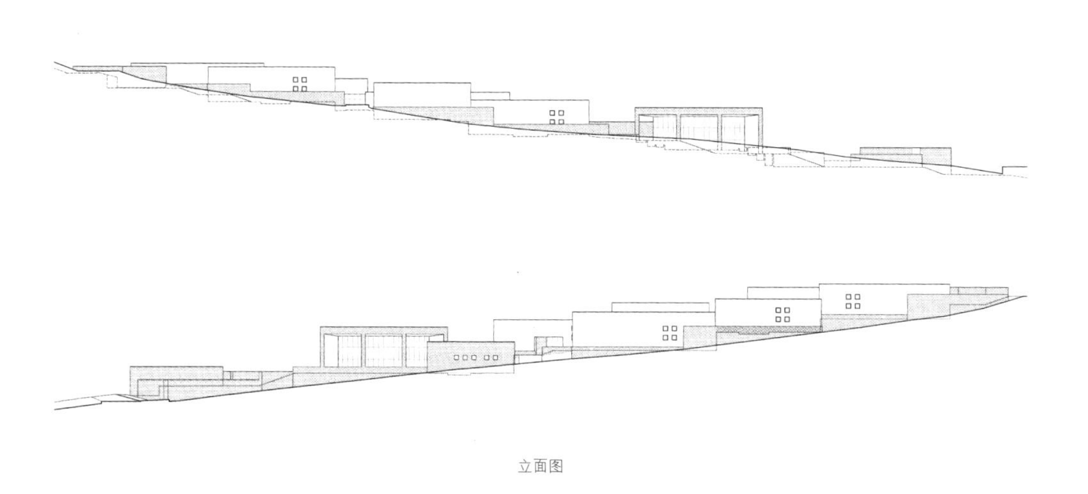

立面图

墓园透视图

人视角透视图

内庭院透视图

7. 复合的多元

清明与“踏青”

风景式墓园

公共景观

花、草、树与生态葬

主题园与“园中园”

从世界范围看，公共墓园的概念伴随着现代城市的发展而产生。现代城市发展带来人口稠密、环境卫生堪忧、土地资源稀缺等问题，急需提供社会化的集中安葬场所。19世纪以后，以法国巴黎拉雪兹公墓和美国波士顿奥本山公墓为代表的早期案例，以对现代社会和城市发展的前瞻性眼光，将墓园与公园相融合，打造了园林式墓园的范本，成为备受欢迎的名胜地，也使公共墓园的概念为大众所接受，替代了阴暗狭小的教堂墓地和家族墓地，成为现代城市空间必不可少的组成部分[14]。

追溯中国传统，清明祭扫也往往成为一次家庭或家族“踏青”出行的活动。而反观目前现状，尽管中国在20世纪初开始出现公共墓园，但现状城市公墓过于单一化的墓碑葬模式，以及过多的石材铺装，导致墓园硬质化或称“白色化”程度过高，所谓“化青山为腐朽”，绿化率低，生态环境堪忧。同时，现有的公墓模式的单一模式和功能也加重了清明节祭祀期间城市交通的拥堵；而平时，偌大的墓园瞻仰人流寥寥无几，造成巨大的空置和浪费。

另一方面，伴随我国城市化进程和老龄化趋势加快的双重压力，现有公墓模式对有限的城市土地资源占用问题已日趋严重，导致逝者与生者争夺土地，甚至部分城市已经出现“无地危机”[15]。

应对土地资源紧缺及墓园硬质化程度过高的问题，近年来，各部门不断加大力度推动绿色生态葬，并提出“分类指导，统筹推进”的原则[16]。2017年颁布的《城市公益性公墓建设标准》要求墓穴安葬量不超过40%[17]。但从实际情况看，目前生态葬的接受度还较为有限，其选地也多位于传统墓园的边角地段，未能达成最佳的景观效果和纪念性，尚需进一步引导。由此可以预见，以节地生态葬的政策导向为契机，多元葬式（包括传统墓碑葬和各类新型生态葬）的分化及复合，是未来一段时间内中国城市墓园所要面对的问题。

在此背景下，2017 年启动的南京罐子山墓园拟建包括各类生态葬在内的新型城市公益性墓园，拟安置 13 万各类穴位及格位。

罐子山墓园选址于南京西南郊的丘陵地带，约 20 公顷，分东西两侧环谷展开；场地南北各有大小水库一处，周围大环境散落多处已建及在建的各类殡葬设施，包括南京殡仪馆、西天寺墓园、仙灵墓园、回民殡葬所、红十字会遗体捐赠纪念园等。

借势：整合墓园、山水与公共景观

新墓园的概念规划首先从大景观格局出发，放眼未来，以此为契机，复合多元葬式，整合公共山水景观与殡葬空间资源（图 7-1）。

a. 整合周边大景观格局与殡葬资源

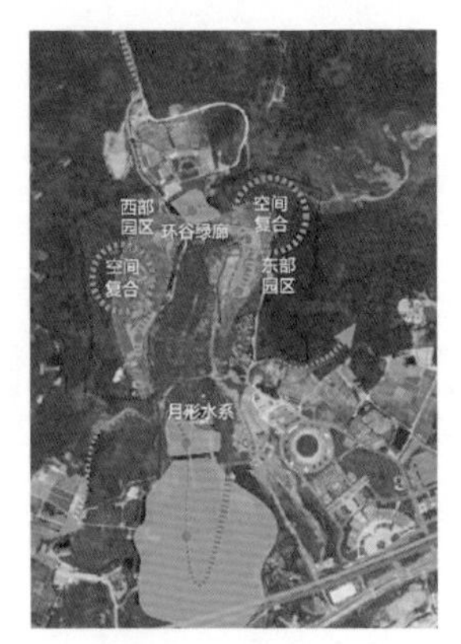

b. 环谷绿廊与月形水系

图 7-1 罐子山案例：公共景观优先下的多元葬式复合

对此，罐子山墓园设计研究首先梳理大景观环境的山水形势，因借基地环谷的地形特征，连通东西两侧山谷，沿汇水处设置一系列月形水池，连串基地外部南北两处大水体，形成环谷水系和连续开放的公共景观廊道（环谷绿廊），融公共园林与新型墓园于一体。由此进一步整合周边的殡葬设施资源，借取高低七座丘陵山势，以背山面水之势整合远近七处殡葬设施，提出“七星伴月”的总体格局，融合大山水形势与殡葬文化。

环谷绿廊内侧，现状为用地外的杂土堆放，拟结合农用地属性，逐渐修复自然生态，打造农业休闲景观，远期可考虑与环谷绿廊相渗透结合，形成农业休闲景观腹地，与月形水系和景观墓园相辅相补。

复合：多元葬式与公共景观

罐子山墓园设计从上述公共景观优先的角度入手，以此连通整体山水形势与景观格局，带动基地内部及周边的环境整合；在此基础上，以空间复合的策略，布置公共设施，并着重探讨了不同葬式的运用及其与公共景观复合的多样化方式（表 7-1）[18]。

表 7-1 罐子山案例：多元葬式与公共景观复合

模式	墓穴葬		室外 / 半室外壁葬		室内格位葬	生态葬	
类型	小型节地墓碑葬	艺术墓	纪念墙	骨灰廊	骨灰堂	树葬	草坪 / 鲜花葬
墓区面积（平方米）	133 000	41 100	—	1 280	4 500	17 600	
穴位 / 格位	58 600	16 700	2 000	6 000	30 000	44 100	
布局位置	东西两翼七处小坡地	核心景观区	核心景观区	西坡小墓区与环谷绿廊交接处	东坡小墓区与环谷绿廊交接处	核心景观区、边界环境过渡区	环谷绿廊两侧及核心景观区
与公共景观的关联	园中园	复合核心景观	复合地形地景，穿插于核心景观区	复合地形地景，作为公共景观和园中园之间的过渡边界	复合地形地景，作为公共景观和园中园之间的过渡边界	部分复合核心景观、部分穿插于园区边界自然环境过渡带	复合核心景观

沿环谷公共景观廊道和月形水系，采取空间复合的策略，于东西园区分设雨花景观苑与阅宁景观带，以此复合新型墓园的多元功能和葬式，设置公共服务、教育、休闲，以及各类新型生态葬和名人纪念园等，并引入纪念墙、纪念林、雨水花园等多种形式，共同构成具有丘陵溪谷特征的开放式公园景观。

由月形水系及中央环谷绿廊向两侧山体延伸，伸展出枝状绿廊，连通两侧山体与中央月形水系，形成整体连续的公共景观和生态系统。

在各个枝状绿廊之间，顺应坡势的曲折起伏，于东坡取凸形小脊，西坡则取凹形小谷，顺应并强化地形特征，由中央环谷绿廊向两侧伸展出大小凹凸不同的七处花瓣形小园区，分置不同特质的小型节地墓碑葬，犹如“园中园”（图7-2）。各处小园区中心种植不同主题的花卉成景园，访者由环谷绿廊经中央步道或小广场进入，获得集中的场所纪念感，沿支路步道可达各处，终了则顺沿两侧枝状绿廊的小径而返，体验完整的空间景观序列。

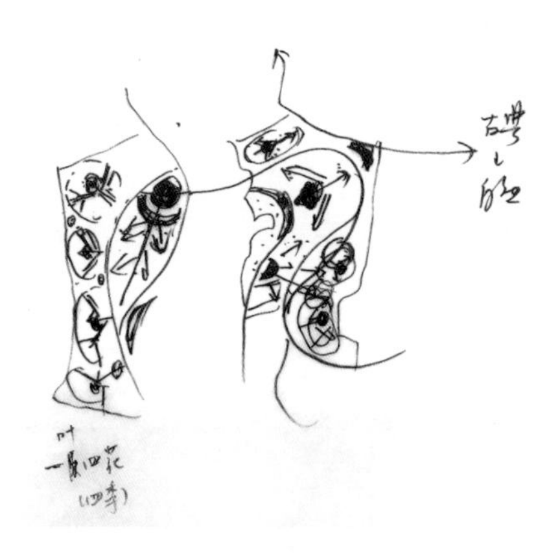

图 7-2 概念草图

在中央绿廊和各处小墓园交界处，应对坡地高差，以地景式建筑的方法加建骨灰廊及骨灰堂（图 7-3），并辅以绿化与景观融合：其一面与环谷公共绿廊相接，另一面则与坡上的独立的小墓园相融，共同构成顺应山势、整体复合的新型墓园景观。由此既维持了公共景观的连续性，又增加了纪念性功能和层次。

图 7-3 罐子山案例：骨灰廊内部

发展与回应

对于当代城市墓园发展的困境和问题，多元葬式既是未来的导向，也提供了新的契机——探讨多元葬式的分化和复合，并纳入更开放的公共景观系统，整合公共景观与多元葬式。在最早南京殡仪馆骨灰堂（纪念环）的设计中，即结合山体，在内圈纳入了三层室外壁葬纪念墙（上层纪念墙后期已有一半利用改造为城市“英烈墙”），补充了室内存放的单一格局（图 7-4）；二龙山骨灰堂的后续研究中，也有尝试以骨灰堂的规划设计为契机，探讨复合室内外葬式及未来可持续生态葬式的转化（图 6-17）。

图 7-4 南京殡仪馆英烈墙方案

附：南京罐子山墓园规划设计方案

建设地点：南京市罐子山（雨花区、江宁区交界处，南京殡仪馆附近）

设计期间：2017—2018 年

概念规划：朱雷、邢雅婷、顾兰雨、李然 等

一期景观：朱雷、李然、邢雅婷 等

南京罐子山墓园（又称“南京殡仪馆搬迁项目二期”）项目选址位于雨花台区和江宁区交界处，现有西天寺南京殡仪馆西北方向，北至仙灵公墓，南至石岗水库北边界，西至岱山路，东至罐子山。项目利用罐子山部分山体及周边区域建设殡葬设施，占地面积约 20.5 公顷（308 亩），规划穴位约 113 000 个，新建业务用房建筑面积约 4 600 平方米。

总体规划：整合大景观与殡葬资源，打造融山水形势与生命文化于一体的总体格局。

用地位于南京市南郊，雨花台区和江宁区交界处，周围地块关系较为复杂，但具有良好的环境景观资源。基地东北接罐子山，北侧隔水有仙灵公墓；东南临南京殡仪馆及西天寺墓园；南侧面对石岗水库；西南接岱山余脉，临近有岱山龙泉寺墓园；此外，基地东南方向尚有已建成的红十字纪念园及拟建的南京回民殡葬馆；加上本项目，共有七处相关殡葬设施分布于周边的山水丘陵环境中。

本次规划设计提供了新的契机，从大景观格局出发，放眼未来发展，力求连贯南北水系，借取高低七座丘陵山势，以背山面水之势整合远近七处殡葬设施，形成“七星伴月”的总体格局，将山水形势与生命文化融于一体。

方案构思 1：“叠谷双园”——因借环谷地形连通生态景观廊道，融公共园林与新型墓园于一体。

现有用地分置雨花台区和江宁区两处丘陵山坡，中间隔着一窄条山谷小丘，南北分别临近大小两处水体。

(1) 月形水系与中央环谷绿廊

规划设计借取并进一步强化了环谷地形的环境特质，连通东西两侧山谷，并沿汇水处设置一系列月形水池，连串南北两处水体，形成环谷月形水系和连续开放的公共景观，打造出“环谷绿廊”的自然有机格局，并拟通过林荫道与周边环境相接。

(2) 公共景观与功能复合

沿环谷公共景观廊道，采取功能复合的策略，在东西两侧园区，分别结合新型墓园的多元化功能和葬式，布置公共服务、教育、休闲，以及新型生态葬和名人纪念园等，形成具有丘陵溪谷特征的开放式公园景观。

(3) 两翼山水绿廊与“园中园”

沿中央环谷绿廊外沿，向东西两侧山体延伸，为次一级的山水绿廊，建立起两侧山体与中央月形水系整体延续的生态格局。其间依次散布具有不同特质的墓区，犹如“园中园”。由此形成整体丰富开放、局部静谧的多层次景观墓园。

（4）农业休闲景观腹地

环谷绿廊内侧，现状为用地外的杂土堆放，拟结合农用地属性，逐渐修复自然生态，打造农业休闲景观，远期可考虑与环谷绿廊相渗透结合，形成农业休闲景观腹地，与月形水系和景观墓园相辅相补。

方案构思 2：“双叶七花”——拓展东西园区生态廊道，以经典构图点画山水形势，融人文意向与自然生态于一体。

（1）映水双叶

应对“叠谷双园”的整体格局，顺应环谷生态绿廊和环谷月形水系，于东西园区分设“雨花景观苑”与“阅宁景观带”，结合公共服务、景观与名人纪念，形成双叶映水的公共景观格局。

东部园区顺应山水走势和外部入口道路，拓展生态绿廊。对照月形水系，设置东西向顺坡而上的雨花景观苑及名人纪念园，东北眺山，西南望水，中间顺山势间隔伸展枝叶形的景观纪念带和步道，形成具有经典坡地花园特质的人文纪念景观。

西部园区顺应山水走势和出入道路，顺沿生态绿廊和环形水系，设置南北向展开的阅宁景观带及名人纪念园，北连入口广场和水池，南望月形水系。中间顺应地形曲线点缀不同的花木斑块，犹如浮现于山水间的斑斓枝叶，形成具有生态有机特质的自然景观。

（2）伴山七花

以“双叶”为核心，环谷绿廊向东西两侧山地继续延展，形成连通山水格局的生态绿廊。

在山水绿廊之间，顺应坡势的曲折起伏，在东坡取凸形小脊，在西坡取凹形小谷，各自强化地形特征，由中央环谷绿廊伸展出大小凹凸不同的七处花形，伴山而生，成为七处独立的小园区。

各处花形小园区皆顺地形，中心附近安置半圆形或环形花园，种植不同主题的花卉成景，并向两侧散开。访者由中央步道或小广场进入，获得集中的场所纪念感，沿支路步道可达各处，终了沿两侧自然山水绿廊而返，体验完整的空间景观序列。

功能布局

根据新型墓园的多元化功能及园林式墓园的要求，功能布局采取总体复合、部分独立的原则，以结合公共景观和新型墓园功能。总体上：在公共区采取适度的功能复合策略，结合公共服务、景观、休闲和教育等功能，形成功能互动的整体公共景观；各个小墓区则相对独立，便于分期开发实施和管理，并形成各自的特质。

(1) 公共区

公共区沿环谷景观廊道展开，并向两侧扩展。包括以下内容：

a. 公共服务管理与集散广场：主要位于北侧入口附近，兼顾服务东西两个园区。建筑形体采用地景式的策略，沿地形有机伸展，面对入口北侧水面及东侧小型月池，并兼顾呼应各个方向的园林景观及道路入口。考虑到远近期结合及服务方便，南侧入口附近设置一小处管理服务设施，设置为曲线形的园林景观建筑，面向入口并兼顾呼应周边景观。

b. 公共景观：公共景观主要包括西侧的阅宁景观带，东侧的雨花景观苑，结合环谷月形水系的设置，依山傍水展开，与南北入口广场和公共服务设施相接，并向东西两侧扩展公共景观。部分公共景观设施考虑与生态墓区、名人苑等新型功能相互穿插融合，实现适度的功能复合。

c. 绿地和停车场：在各个入口附近布置绿化停车场；各地块边缘和各分区边界，留出绿化隔离带，也为远期发展保留适当的弹性。

(2) 墓区

a. 城市记忆 · 名人苑

位于东、西园区面向公共景观和环谷水系处，得享依山面水的地形优势，并与公共景观部分交融，以此扩展和提升整体园区景观格局。其中东部园区中心布置为名人苑主体，内设若干小组团，分置不同特质的艺术墓园，具有从公共展示性到安适静谧性的丰富层次；西部园区结合阅宁景观带，布置部分具有教育展示性的城市记忆及名人纪念墙等。

b. 生态微型墓

主要位于东、西园区的雨花景观苑及阅宁景观带附近。部分墓区与公共景观带交融，可供发展各类鲜花葬、草地葬、树葬、壁葬等新型生态葬，减少硬质面，共同打造整体景观；另有部分墓区相对独立，可设置各类微型生态墓。还有小部分生态微型墓区散布于周边绿地中。

c. 隐逸融合景观墓区

共分五处主要墓区，其中四处位于西侧园区，一处位于东侧园区，均处于依山面水的地势。所有墓区周边均有绿化带及景观廊道，与整体自然生态相融；景观廊道局部延伸至各墓区内部，形成小的组团景观及纪念设施。

d. 平价墓区

位于东侧园区南部，临近南入口及停车场，四周均有绿化相隔，并皆背依山势。内部布局按照节地型墓葬的要求，相对紧凑。部分墓区可望西南侧的大景观水面。

交通组织

根据外部交通规划条件，南北设主要出入口，分别接入南侧大周路和北侧岱山路，并沿山谷展开东西园区的主要道路，相互衔接。

与西南现状道路及东南、东北两侧远期规划道路相接处也留有次要的道路接口，以便连接周边相关设施，衔接未来发展。

在东西园区内部，顺应地形分别设置环路：西侧园区环绕公共景观和服务设施设置内环与主路相接；东侧园区内环路顺山势而上，呈 S 形，衔接了东南和东北两处次入口并与主路环通。

公共区及各墓区之间设置有环通的人行道路，并内置各类步道。

各主要入口附近设置集中停车场，部分道路及广场附近设置少量临时停车位。总计停车位约 400 辆。

景观环境

景观环境总体设计按照“园林化”的要求，保留和恢复部分山体绿化，连串内外水系，形成环谷双流的总体景观廊道。

沿公共景观廊道，依山傍水展开布置主景观区。包括西侧的阅宁景观带和东侧的雨花景观苑。

阅宁景观带：结合地形设置曲线形的景观纪念墙，在中心形成梅花状的景观，以梅花、蜡梅、茶花等冬季开花植物为主，点缀以红枫、乌桕、银杏、青桐等秋季色叶类乔木，衔接山水环境，形成东侧园区内部的主景。

雨花景观苑：结合月形水系及小丘，散布花瓣式的曲线景观，并在中心形成散落雨花状的景观，周边种植以樱花、李树、海棠等清明时节开花的小乔木为主，配香樟、栾树、广玉兰、榉树等中大型乔木，结合月形水系，再现“落花如雨”的经典场景。部分景观延伸至公共水体，并与微型生态葬结合。

由公共景观向两侧山体延伸，在山水之间设置景观廊道，连通自然山水生态，并以此分隔及渗透至各个小墓区，形成园中园的整体景观群落。

同时，本设计以生态殡葬为指导思想，在墓区布置中穿插融合了成体系的休闲节点及景观节点，节点在各个墓区中均质且成体系的分布，很大程度上缓解了墓区压抑的空间氛围，为扫墓祭奠的人提供了一个可以休憩放松的空间。

景观形式上，设计以弧形花瓣为母题，自然朴素的材质及色调营造宁静温暖的纪念氛围，体现场地精神以及设计主题。形式上采用自然曲线形式，形成大小不一、相互联系的渗透空间，满足多样的功能需求。

经济技术指标

规划总用地面积：20.5 公顷（308 亩）

建筑总面积：4 596 平方米

业务用房：1 606 平方米

管理用房：1 010 平方米

附属用房：1 980 平方米

墓区总面积（含绿化步道墓穴）：167 930 平方米

墓穴总数：113 140 个

生态微型墓面积及数量：17 610 平方米（44 010 个）

城市记忆 · 名人苑面积及数量：41 130 平方米（16 695 个）

隐逸融合景观墓区面积及数量：91 975 平方米（41 805 个）

平价墓区面积及数量：17 215 平方米（10 630 个）

绿地面积：115 730 平方米

绿地率：56%

停车位：395 辆

上图：罐子山墓园总平面图
下图：功能分区与交通分析图

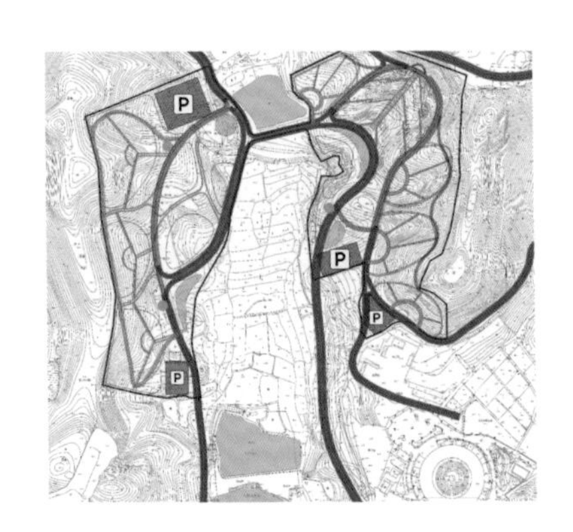

罐子山墓园规划设计鸟瞰图

罐子山墓园一期景观透视一

罐子山墓园一期景观透视二

罐子山墓园一期景观透视三

附录：案例

项目名称：
南京殡仪馆
设计期间：
2010—2012 年

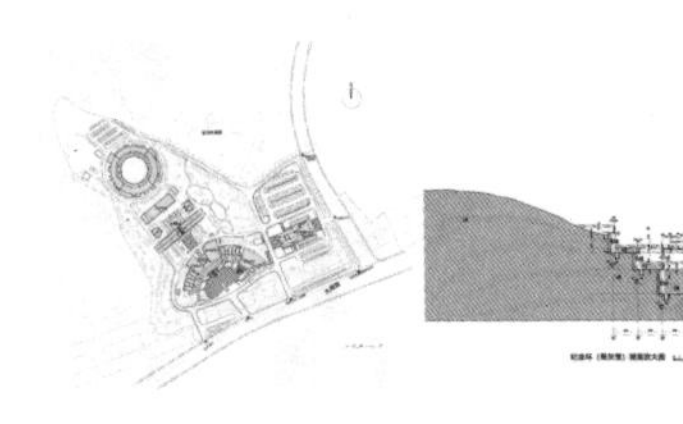

项目名称：
丰县殡葬
服务中心
设计期间：
2013 年

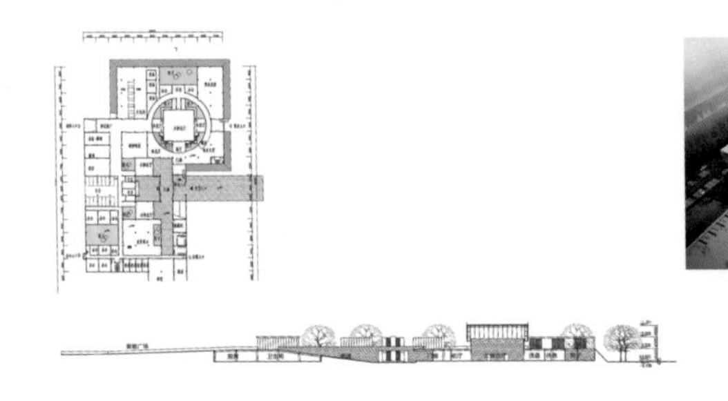

项目名称：
南京回民
殡葬馆
设计期间：
2014—2016 年

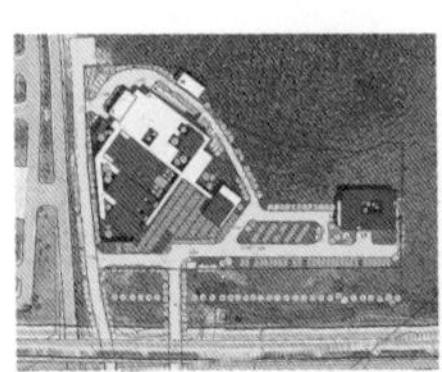

项目名称：
江宁殡仪馆
设计期间：
2015 年

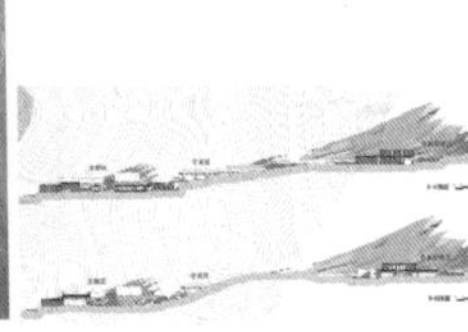

项目名称:
连云港滨海
生命文化公园
设计期间:
2018 年

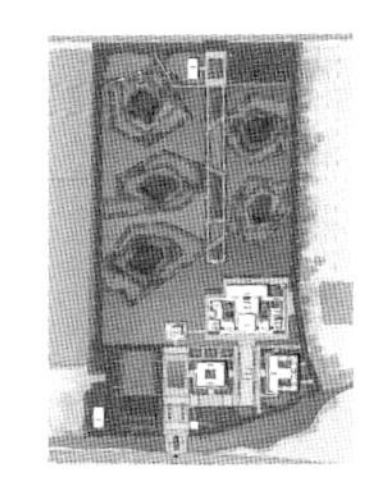

项目名称:
南京二龙山
骨灰纪念堂
设计期间:
2014—2015 年

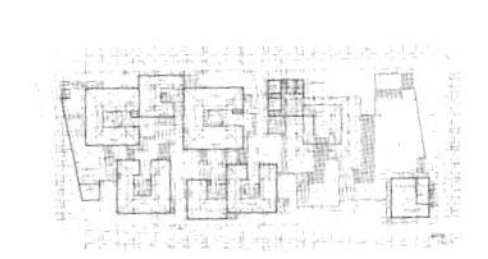

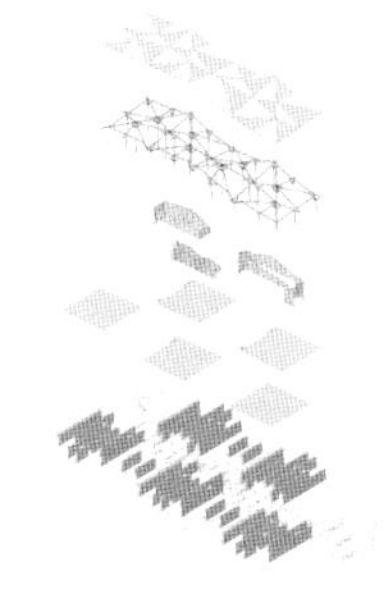

项目名称:
南京
罐子山墓园
设计期间:
2017—2018 年

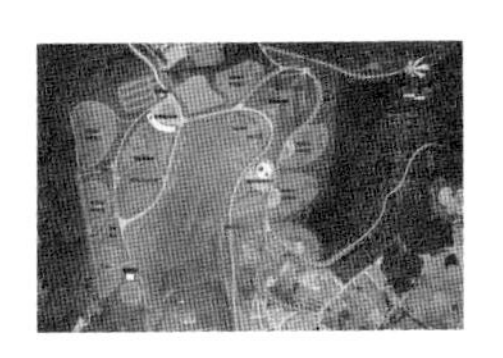

项目名称:
秦皇岛殡仪馆
设计期间:
2019 年

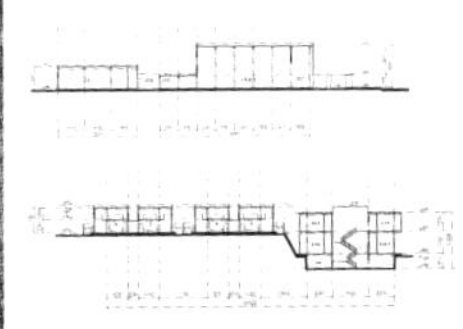

附录：案例

项目名称：
江宁区各街道骨灰纪念堂（共计 13 项）
设计期间：
2019 年
合作设计：
江苏省建筑材料研究设计院有限公司

分项名称：
江宁富贵山
骨灰纪念堂

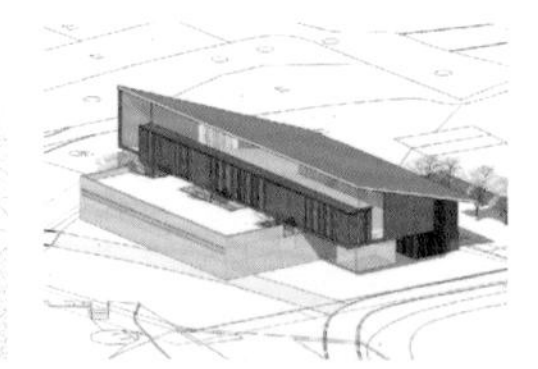

分项名称：
横溪－官塘
骨灰纪念堂

分项名称：
横溪－团子山
骨灰纪念堂

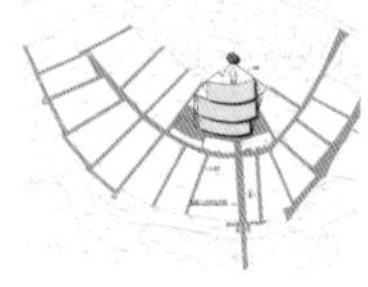
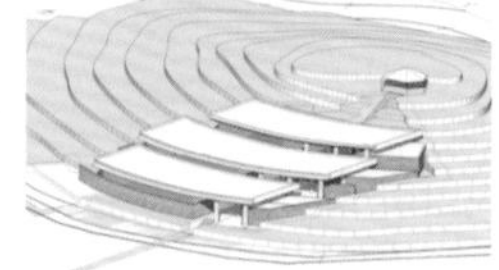

分项名称：
秣陵
骨灰纪念堂

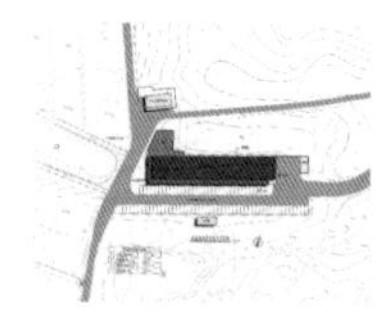

分项名称：
汤山
骨灰纪念堂

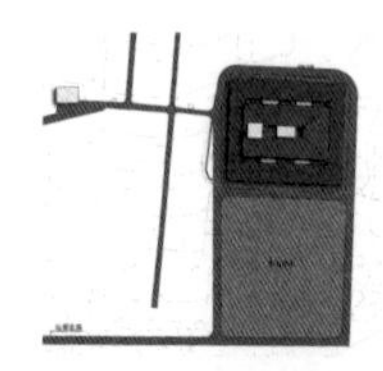

分项名称：
新汤山
骨灰纪念堂

分项名称:
谷里（岱山）
骨灰纪念堂

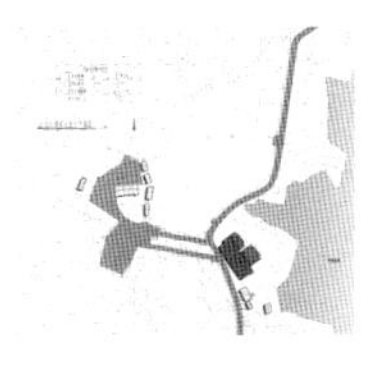

分项名称:
东山
骨灰纪念堂

分项名称:
湖熟
骨灰纪念堂

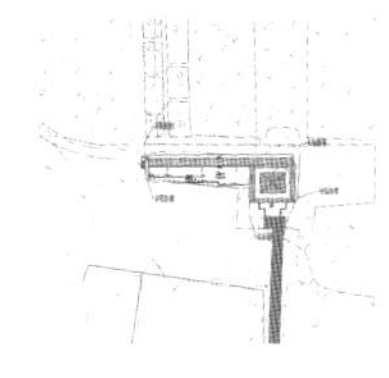

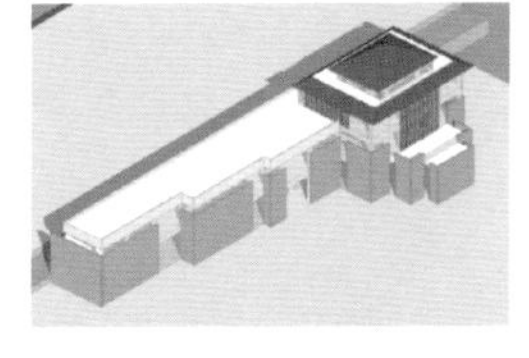

分项名称:
麒麟
骨灰纪念堂

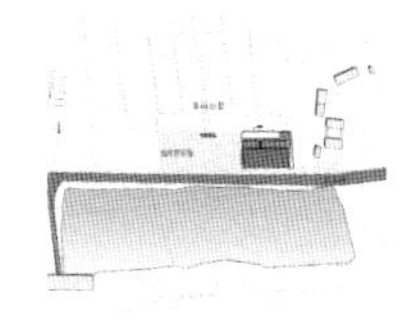

分项名称:
淳化
骨灰纪念堂

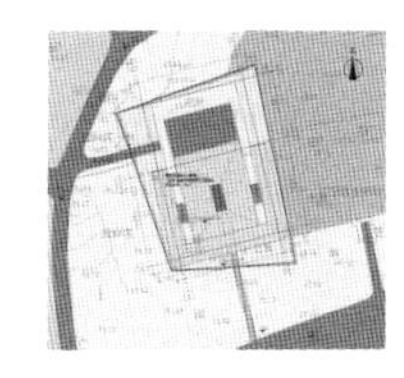

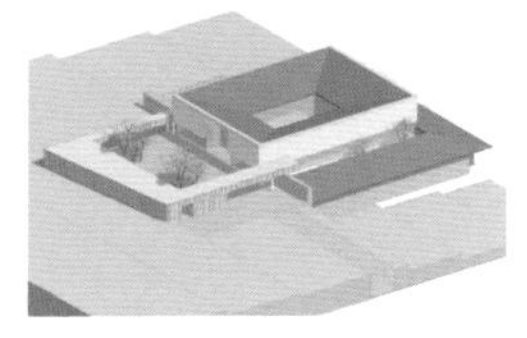

分项名称:
禄口
骨灰纪念堂

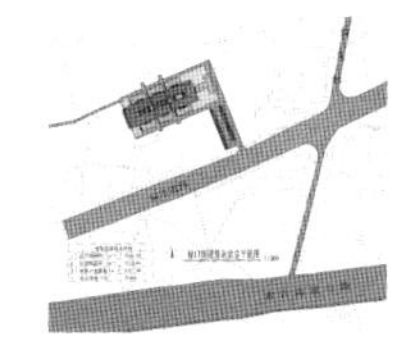

分项名称:
新禄口
骨灰纪念堂

注释

[1]Architektur，AUS: ADOLF OPEL (HG.): ADOLF LOOS. ÜBER ARCHITEKTUR AUSGEWÄHLTE CHRIFTEN, WIEN 1995, S. 75-86.

[2] 朱雷 . 纪念性可以有新的含义 . 载于有方 (编) . 建筑师在做什么 (第二辑) [M]. 上海: 同济大学出版社, 2018：259.

[3] 朱雷 , 龚恺 . 南京新殡仪馆 , 南京 , 江苏 , 中国 [J]. 世界建筑 , 2015(8):60-63.

[4] 东南大学建筑设计研究院有限公司副总建筑师马晓东长期研究中国回民建筑，也是该项目方案设计顾问，将中国回民建筑的空间布局特征概括为“外融内律”。

[5] 回民殡仪馆礼仪方位朝向的精确定位，来自东南大学建筑设计研究院有限公司马晓东副总建筑师的研究。

[6] 该选址后因考虑周边环境因素，项目重新选址，方案未实施。

[7] 因相关部门后续考虑环境和水面等因素影响，对用地范围和任务做了调整，方案未实施。

[8] 刘兆龙 . 骨灰堂建筑设计研究 [D]. 东南大学 , 2017:36.

[9] 该研究为作者指导的本科毕业设计（设计人：张丁，指导教师：朱雷，助教：刘兆龙），并由刘兆龙在其硕士论文中进行了整理。参见：刘兆龙 . 骨灰堂建筑设计研究 [D]. 东南大学 , 2017.

[10] 该研究为作者指导的硕士研究生学位设计论文的一部分（设计研究：刘兆龙，指导：朱雷），参见：刘兆龙 . 骨灰堂建筑设计研究 [D]. 东南大学 , 2017.

[11] 该研究为作者指导的本科毕业设计（设计人：顾兰雨，指导教师：朱雷，助教：刘兆龙），并由刘兆龙在其硕士论文中进行了整理。参见：刘兆龙 . 骨灰堂建筑设计研究 [D]. 东南大学 , 2017。另参见：顾兰雨 （指导教师：朱雷）. 骨灰纪念堂设计 . 载于杨维菊（主编）. 阳光 · 能源 · 建筑 [M]. 北京：中国建筑工业出版社 , 2017:152-155.

[12] 刘兆龙 , 朱雷（通讯作者）. 轻盈的纪念性 [J]. 城市环境设计 , 2016(06):360-361.

[13] 熊子楠 , 顾兰雨 , 董奕彤 , 朱雷（通讯作者）. 城市中的城市 [J]. 城市环境设计 , 2016(06):370-371.

[14] 朱雷 . 复合公共景观与多元葬式的中国新型城市墓园前景 [J]. 建筑与文化 , 2019(10):130-133.

[15] 曹玲娟 . 部分公墓陷入“无地危机”[N/OL]. 人民网 ,2004-04-04. http://hb.people.com.cn/n/2014/0404/c192237-20926203.html.

[16] 民政部、发展改革委、科技部、财政部、国土资源部、环境保护部、住房城乡建设部、农业部、国家林业局，《关于推行节地生态安葬的指导意见》（民发〔2016〕21 号）[Z]. 2016-02-19.

[17] 中华人民共和国民政部 , 民政部一零一研究所 . 城市公益性公墓建设标准 [S]. 北京 , 2017: 2.

[18] 朱雷 . 复合公共景观与多元葬式的中国新型城市墓园前景 [J]. 建筑与文化 , 2019(10):130-133.

图片说明

P8 图：昭陵，图片来源：http://m.aichong.cn/shehui/86662.html

P26 图：乡土田园，摄于江苏丰县，图片来源：作者自摄

P40 图：谷里纪念堂内庭

P54 图：南京瞻园三曲桥，图片来源：作者自摄

P70 图：日本松岛，图片来源：作者自摄

P80 图：美国惠灵顿公墓，图片来源：作者自摄

P106 图：美国奥本山公墓，图片来源：作者自摄

除标注外，其他图纸均为东南大学建筑学院朱雷工作室提供。

后记

殡葬空间的讨论似乎是一个沉重的话题。在当代城市人口密集、空间资源紧缺的双重压力下，一味回归传统，或仅是功能化处理，都难以满足未来之需。相关问题的讨论涉及现代社会物质环境、文化心理等多方面。对此，本书并不试图建构一个完整的体系，提供一整套解决方案；而是选取散点式的角度，展开不同的侧面——这不仅是鉴于当前各方面状况和条件尚未完全清晰和成熟，更是为了打破固有定式，为未来发展呈现更多新的可能。

与此相应，书中的内容也多依赖于实际境况和问题的展开，以工作室近十年所做相关设计实践为基础，进行整理和反思。在此感谢所有参与的设计人员（详细名单见各题所附说明），也感谢这一过程中所接触到的相关从业人员及管理人员。

本书的案例图片整理和排版得到徐海琳、邢雅婷、孙鹏、刘子洋的协助，在此表示感谢。最后，特别感谢东南大学出版社戴丽老师、贺玮玮老师的支持，使本书得以呈现。

朱雷

2019.9.22

于南京龙江

内容简介

面向生死纪念的建筑及环境塑造，是人类最为基本的建筑行为，也是建筑学最根本的使命和问题之一。在当代生死观和环境观的转变下，殡葬空间的设计和研究急需新的思想、策略和方法，这既关乎基本民生及可持续发展，也关乎人文价值和尊严的重塑。本书基于作者近十年的设计实践和研究项目，选取多元的散点式角度，从不同侧面展开对这一问题的探讨，以期打破固有的定式，为未来呈现更多新的可能。

本书适用于建筑、规划、景观专业人员，以及民生殡葬行业相关人员。

图书在版编目（CIP）数据

纪念七题：当代殡葬空间设计实践与思考 / 朱雷著 .—南京：东南大学出版社，2019.11
ISBN 978-7-5641-8638-8

Ⅰ.①纪… Ⅱ.①朱… Ⅲ.①丧葬建筑 - 空间规划 - 建筑设计 Ⅳ.① TU251.6

中国版本图书馆 CIP 数据核字（2019）第 256893 号

纪念七题：当代殡葬空间设计实践与思考
Jinian Qiti: Dangdai Binzang Kongjian Sheji Shijian Yu Sikao

著　　者：朱　雷
责任编辑：戴　丽
文字编辑：贺玮玮
责任印刷：周荣虎

出版发行：东南大学出版社
社　　址：南京市四牌楼 2 号
邮　　编：210096
网　　址：http://www.seupress.com
出 版 人：江建中

印　　刷：上海雅昌艺术印刷有限公司
开　　本：787 mm × 1092 mm　1/16　印张：8.25　字数：120 千字
版 印 次：2019 年 11 月第 1 版　2019 年 11 月第 1 次印刷
书　　号：ISBN 978-7-5641-8638-8
定　　价：65.00 元

经　　销：全国各地新华书店
发行热线：025-83790519　83791830